KB067845

카페에서 읽는 수학

수학으로 삶을 활기 있게

카페에서 읽는 수학

크리스티안 헤세 지음
고은주 옮김

북카라반
CARAVAN

내 가족인 안드레아, 한나, 레나르트에게 이루 말할 수 없이 고맙다.

머리말

2014년 '차이트 온라인Zeit online'에 수학 블로그가 생겼다. 이 블로그에 글을 올릴 수 있게 되어 정말 기뻤다. 블로그 포스팅은 일주일에 한 번 정도 했는데, 내가 글을 올리면 많은 독자가 블로그를 찾아주었다. 이 책은 블로그 글 중 나와 독자들이 가장 좋아한 글을 모아 아주 조금씩만 다듬은 것이다.

나는 이 책을 블로그와 마찬가지로 수학에 관심 있는 일반인들을 생각하며 집필했다. 일상의 구체적인 예를 들어가며 '가장 급진적인 학문'의 매력과 설명력을 보여주고자 했다. 매우 다양한 영역에서 수학과 관련된 갖가지 주제를 소개한다. 각각의 글들은 짧고 수학 공식은 거의 없기 때문에 하나씩 읽다보면 시간가는 줄 모를 것이다. 몇 분 안에 읽을 수 있어서 잠들기 전이나 주말 아침 침대에서, 아니면 그냥 이따금 짬이 날 때 읽을거리로 딱 제격이다. 이 책을 읽다보면 수학이 인생처럼 기묘하면서도 어처구니가 없다는 것을 알게 될 것이다. 이 책을 읽는 동안 즐거운 시간을 보내길 바란다!

크리스티안 헤세

차례

제1장

일상생활의 수학

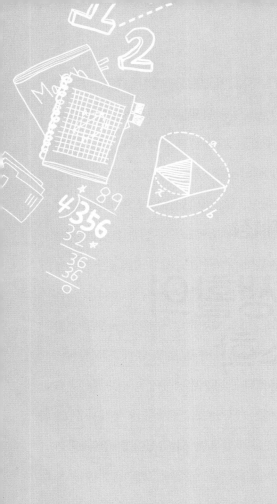

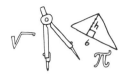

생일과 기적의 비밀

알쏭달쏭한 생일

얼마 전에 관청에 전화했다. 전화를 받은 공무원이 신원 확인을 위해 생년월일을 물었다. 그러다 우리 둘이 생일이 같다는 것을 알게 되었다. 상냥한 담당자는 "어머, 어쩜 이런 희한한 우연이 다 있죠?"라고 말했다.

그런데 정말 그럴까? 생일이 같은 사람을 만나는 것이 정말 드물게 벌어지는 일일까? 수학적으로 확률을 계산하면 무작위로 23명을 뽑아 만든 집단에서 2명이 같은 달, 같은 날에 생일잔치를 할 확률이 50퍼센트나 된다. 다른 말로 표현하면, 축구 경기 시작 전 한 줄로 늘어서 소개되는 선수(팀당 11명과 주심 1명) 중에서 2명의 생일이 같은 경우는 평균적으로 두 경기에 한 번 꼴로 벌어진다.

대부분 사람이 이를 명백한 모순으로 느끼는 것 같다. 아무튼 생일의 가짓수는 365개고, 2월 29일이 있는 해는 366개다. 수학자 리하르트 폰 미제스Richard von Mises는 이것을 생일모순이라고 불렀다.

잠시 함께 생각해보자. 어떻게 그렇게 작은 집단에서 그런 일이 가능할까? 우리는 아마도 이 문제를 다음 질문과 혼동하는 것 같다. "어느 집단의 구성원 중 한 사람이 어떤 특정한 날에 생일일 확률, 예를 들어서 나와 생일이 같을 확률이 50퍼센트가 되려면 그 집단에는 사람이 몇 명 있어야 할까?"

이 질문에 대한 정답은 훨씬 커서, 253명이다. 이 문제에서는 내 생일과 253명의 생일을 각각 짝지어 253번 비교해야 한다. 그러나 한 집단의 구성원을 2명씩 짝지어 생일을 비교한다면 단 23명만으로도 23×22/2=253번 비교하게 되어 마찬가지가 된다. 그러므로 집단의 구성원이 23명이면 충분하다.

2014년 4월 27일 바티칸에서 전前 교황 2명이 성인품에 올랐다. 성인聖人으로 인정받기 위해서는 2가지 기적을 이루었어야 한다. 바티칸 신학자들은 중병이 치유되었는데 의학적으로 설명할 수 없는 경우 기적이라고 인정한다.

'기적적인 치유'라는 말을 하면 사람들은 프랑스의 루르드Lourdes를 떠올린다. 이 성지聖地에서는 오늘날까지 교회에서 인정받았으며 의학적으로도 검증되었다고 알려진 기적이 69번 일어났다. 그중에는 말기 암 환자 4명이 즉각적으로 치유된 적도 있다. 이를 통계학적인 관점에서는 어떻게 이야기할 수 있을까?

의학계에는 말기 암이 자발적으로 소멸하는 현상이 있다는 믿을 만한 연구들이 있다. 그 연구들에 따르면 전이가 멈추고 종양이 갑자기 스스로 줄어든다. 이것은 암 환자 10만 명에서 100만 명 중 1명꼴로 일어난다. 매우 드문 일이다.

그렇지만 매년 약 500만 명의 순례자가 루르드를 방문한다는 것을 생각해보아야 한다. 수를 적게 잡아 계산해보아도, 그중 5퍼센트는 암 환자다. 그런 다음 다시 적게 잡아 계산해보아도, 루르드를 방문했다는 이유로 평균적으로 4년마다 한 번씩 저절로 암이 나았다는 사례가 기록되어야 한다. 하지만 루르드

순례지의 150년의 역사에서 공식적인 의학 검증을 통과한 것은 4번뿐이었다.

이와 비슷한 연구를 하던 미국 천문학자, 회의론자, 학술 저널리스트 칼 세이건Carl Sagan은 1990년대 중반 『악령이 출몰하는 세상The Demon-Haunted World』에서 다음과 같은 결론에 이르렀다. "루르드에서 병이 낫는 행운을 얻게 될 확률은 통계적으로 기대할 수 있는 자연적 치유율보다 유의미하게 낮다."

기적은 계속 일어난다

수학자 존 리틀우드John Littlewood가 그랬듯 기적이라는 개념을 난해하지 않게, 그리고 실용적으로 정의해보자. 기적은 100만분의 1보다 적은 확률로 발생하는 (의학적인 것만이 아닌) 임의적인 사건이다.

예를 들어, 당신이 멀리 여행을 가서 그곳에서 아주 오래전에 알던 사람을 우연히 만난다. 또는 잠자는 동안 어떤 사고가 나는 꿈을 꾸었는데 그 사건이 다음 날 실제로 일어난다. 또는 오래된 사진첩을 들여다보다가 그 안에서 지난 수십 년간 보지 못했던 어린 시절의 즐거움을 다시 떠올리는데 그때 마침 전화가 울린다. 상대방은 사진 속의 친구였다. 그러면 많은 사람이 희한

한 감정을 갖게 된다. 텔레파시가 통했다거나 신의 메시지라는 생각을 한다. 그러나 그런 일은 하나도 특별하지 않다. 왜 그럴까?

매일 우리는 매우 많은 다양한 일을 경험하고 오만 것을 생각한다. 매초 무슨 일이 일어난다고 하면, 하루 중 깨어 있는 동안을 약 15시간으로 잡으면 $60 \times 60 \times 15$가지, 즉 약 5만 가지 사건이 하루에 일어난다. 넉넉히 잡아서, 한 달에 100만 가지 이상의 개별적인 사건이 일어난다. 그중 대부분은 주의를 끌지 못하고 기억 속에서 사라지지만 어떤 일은 우연히 동시에 발생해서 우리를 당황스럽게 만들곤 한다.

어마어마하게 큰 표본에서는 정말 말도 안 되는 우연이 발생할 수 있다. 한 사건을 예로 들어보자. 그 사건이 발생할 확률은 $1:1,000,000$이다. 말하자면, 기적이다. 이 매우 거의 불가능한 사건이 100만 번의 결과에서 한 번도 일어나지 않을 확률을 계산하자. 그 식은 $(1-1/1,000,000)^{1,000,000}$이다. 이 답은 0.368이고 바로 오일러의 수($e=2.718$)의 역수와 같다(일어날 확률이 100만분의 1인 사건이라도 100만 번 중에 1번 이상 일어날 확률은 60퍼센트가 넘는다!).

그러므로 일어나기 거의 불가능한 사건이 계속 일어나지 않다가도 언젠가 발생할 수 있다. 다시 말해서 그와 반대되는 사건, 즉 일어날 확률이 극도로 큰 사건 역시 언제나 발생한다는 것은 거의 불가능하다.

리틀우드는 자신의 책『수학자의 경수필A Mathematician's Miscellany』에서 기적의 법칙(리틀우드의 이와 같은 기적에 관한 확률을 '기적의 법칙'이라고 한다)을 설명했다. 보통 한 달 동안 100만 건 이상의 사건이 벌어지기 때문에 평범한 사람이라면 누구나 평균적으로 한 달에 한 번 기적이 일어날 것이라고 기대할 수 있다. 혹시 지난달에 기적을 경험했다면, 그것이 우울한 일은 아니었기를 바란다!

생일에 죽을 확률

1915년 8월 29일 잉그리드 버그먼Ingrid Bergman이 태어났다. 오스카상을 3번이나 받은 그가 67세로 세상을 떠났을 때, 영화사를 빛낸 가장 중요한 여배우로 기려졌다. 하지만 오늘날 화젯거리는 그런 것보다는 이런 질문이다. 플라톤, 셰익스피어, 버그먼의 공통점이 무엇일까? 답은 그들 모두 생일에 사망했다는 것이다. 그런 일이 우연만으로 설명하기에는 더 자주 일어날까? 아니면 오히려 드물게 일어날까? 생일과 사망일 사이에 어떤 연관이 있을까?

학술 저서를 찾아보면 많은 사람이 생일이나 다른 중요한 사건을 좀더 경험하기 위해 자신의 사망 시점을 아주 조금 연기할 수 있다는 가설이 있다. 취리히대학의 연구진은 2012년 이런저런 가설을 검증한 연구 결과를 발표했다(Ajdacic-Gross, 2012). 연구자들은 스위스에서 200만 명 이상의 생일과 사망일을 수집했다. 이런 유형의 자료는 각도나 시간과 마찬가지로 측정치수가 순환한다. 359도 다음이 0도이고, 23시 59분 다음이 0시 0분이듯이, 12월 31일 다음 날이 1월 1일이다.

생일이 더 위험하다

순환적인 날짜를 분석하기 위해 전문적인 수학 통계 과정이 적용되어야 한다. 예를 들어, 방향과 관련된 표시가 있는데 그 값이 0도에서 359도 사이를 왔다 갔다 한다면, 0도와 359도의 차이는 0과 359라는 숫자값의 차이보다 훨씬 작다. 그런 것은 생일과 사망일의 날짜를 비교할 때도 비슷하다. 생일 다음 날과 생일에서 364일 지난 날 사이의 차이는 단 하루로 매우 작다.

이 점에서 순환적인 날짜의 통계는 훨씬 더 까다롭다. 분산 연구를 할 때 특별히 자주 등장하는 가우스 종형곡선 대신 원형으로 된 폰 미제스 분포를 사용해야 하기 때문이다.

취리히대학의 연구자들은 수집한 자료들을 다음과 같이 통계적으로 평가했다. 각 사람의 생일과 사망일 사이의 차이를 −182일부터 +182일까지 한 해를 나타내는 원 위에 표시했다. 그렇게 자료들을 집적하고 통계값, 예를 들어 평균·분산·통계적 유의성을 계산했다.

이 연구는 흥미로운 결과를 이끌어냈다. 자신의 생일에는 다른 날의 평균적인 사망 위험과 비교해 사망 위험이 14퍼센트 유의미하게 높았다. 더욱이 60세 이상의 사람들은 사망 위험이 18퍼센트 높았다. 사망 위험은 그 밖의 여러 원인과 성별에 따라서도 분류되었다. 여성이 생일에 사망 위험이 상승하는 원인은 뇌졸중(사망 위험을 약 22퍼센트 상승시켰다)과 심부전 등 혈액순환 장애(19퍼센트 상승)였다. 남성의 사망 위험을 상승시키는 주 원인은 사고(29퍼센트 상승)와 자살(35퍼센트 상승)이다.

하나의 가설은 다음과 같다. 여성, 특히 여성 노인의 생일 사망 원인 유형을 보면 스트레스가 늘어났다는 것을 알 수 있다. 하지만 남성은 자신의 생일이 하나도 즐겁지 않아 겪게 되는 심리적인 요소(자살의 증가)와 알코올 남용(사고의 증가)이 사망에 이르게 했다.

여성 노인의 생일날 사망은, 대체로 가족과 손님을 위해 생일 상을 준비하는 등, 힘이 드는 활동과 관련 있는 것 같다. 성과를 중시하는 독일 사회의 남성 노인은 정도의 차이는 있지만 좌절감을 안고 산다. 그 결과, 자신의 성과가 기대에 한참 못 미친다는 잘못된 믿음을 갖고 있으며 이를 상쇄하려고 노력하는데, 그런 마음을 생일에 더욱 깊게 느끼는 것 같다.

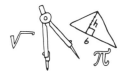

수학으로 우연을 계산하다

13일의 금요일은 우연이 아니다

오스트리아 작곡가 아르놀트 쇤베르크Arnold Schönberg, 미국 음악가 베니 굿맨Benny Goodman, 파키스탄의 총리 말리크 칼리드Malik Khalid의 공통점은 무엇일까? 정답은 세 사람 모두 13일의 금요일에 사망했다는 것이다. 참으로 안타까운 것은 쇤베르크가 그렇게 불길하다는 날을 병적으로 두려워했다는 것이다. 13일의 금요일 공포증의 의학 용어는 파러스커베이더커트라이어포비아 Paraskavedekatriaphobia다. 쇤베르크는 13이라는 숫자를 무서워했다. 그래서 그가 13음이 아닌 12음 기법을 창안했다는 이야기는 전혀 놀라울 것이 없다.

미신을 믿는 사람들은 13일의 금요일을 불길한 날이라고 믿는다. 그 생각은 그리스도교적인 뿌리를 가지고 있다. 예수는 금요일에 죽었고, 최후의 만찬에 모인 사람 중 13번째에 해당하는 유다에게 배신당했다. 하지만 13일의 금요일을 수학적으로 살펴보자. 13일이 금요일에 오는 것은 상당한 우연처럼 보인다. 하지만 우리가 사용하는 그레고리력의 특이한 점을 살펴보아야 한다. 그중에서도 중요한 건 윤년의 법칙이다. J년이 윤년(2월 29일이 추가되어 366일이 있는 해)이 되는 경우는 J가 4로 나누어지지만 100으로 나누어지지 않을 때 또는, J가 400으로 나누어지는 때다. 그래서 2000년은 윤년이지만 1900년은 윤년이 아니다. 따라서 그레고리력에서 한 해의 평균 길이는 365.2425일이고, 태양년보다는 무시할 만큼 아주 조금 길 뿐인데 춘분(춘분의 낮과 밤의 길이는 같다)에서 다음 춘분까지의 기간을 말하는 태양년은 365.2422일이다.

7가지 요일이 있고 4년 주기로 윤년이 있기 때문에, 그레고리력은 28년의 주기가 있다. 적어도 100으로 나누어 떨어지지만 400년으로는 나뉘지 않는 해는 윤년이 아니라는 것을 무시한다면 그렇게 말할 수 있다. 이 점까지 감안하면, 그레고리력은 400년을 주기로 진행된다. 400년 동안에 정확하게 4,800번의 13일이 있기 때문에, 그중에 7가지 요일들이 모두 같은 빈도로 나타날 수는 없다. 4,800은 나머지 없이 7로 나누어지지 않는다.

불운의 날이 다가온다

사실은 다음과 같다. 13일은 금요일에 가장 빈번하게 나타난다. 400년 동안 즉, 20,871주 동안 총 688번이다. 다시 말해서 평균적으로 30주에 한 번씩 13일의 금요일이 있다. 31일의 수요일이 가장 적다. 400년 동안 총 398번, 1년에 약 1번 정도뿐이다. 13일의 금요일과 31일의 수요일은 빈도 면에서 상당한 차이를 보인다.

그러나 지금 주제에서 벗어나지 않고 13일의 금요일이 얼마나 자주 돌아오는지 질문해야겠다. 13일의 금요일 사이의 가장 짧은 간격은 4주다. 이 간격은 윤년이 아닌 해의 2월과 3월에만 있을 수 있다.

13일의 금요일 사이의 가장 긴 간격은 61주다. 이 경우는 두가지다. 8월 13일이 금요일이고 그다음 해가 윤년이거나, 7월 13일이 금요일이고 다음 해가 윤년이 아니어야 한다. 첫 번째 경우에는 다음 해의 10월 13일이, 두 번째 경우에는 다음 해의 9월 13일이 그다음에 오는 13일의 금요일이다.

이런 사실을 고려하면 매해 적어도 한 번은 13일의 금요일이 있다는 것을 예상할 수 있다. 그리고 이것은 실제로 옳다. 하지만 어떻게 이것을 증명할까?

가장 간단한 방법은 시계산술이라고도 하는 모듈러 산술이다. 하루 중 어느 시각에 시간을 더하면, 예를 들어 18시 더하기 10시간은 28시가 아니라, 다음날 새벽 4시다. 그리고 9시 더하기 50시간은 11시다. 즉 계산을 할 때 24를 넘어가면, 계산 과정에서 24를 빼야 한다. 경우에 따라서는 24의 배수를 뺄 수도 있다. 이것이 24를 기준으로 하는 모듈러 산술이고, 24로 나눈 나머지를 계산하는 것이다.

이제 매해 5월에서 11월까지 13일이 모든 요일에 나타난다는 것을 증명할 것이다. 그것은 7로 나눈 나머지를 계산하는 것이다. 임의의 요일에 W라고 쓰자. 그러면 W+1가 다음 요일이고, W+1요일은 당연히 W+8과 같은 요일이다. 그것을 알기 쉽게 쓰면 다음과 같다.

5월 13일=W요일

6월 13일 = (W+31)요일 = (W+4 × 7+3)요일 = (W+3)요일

7월 13일 = (W+31+30)요일 = (W+61)요일 = (W+8 × 7+5)요일 = (W+5)요일

8월 13일 = (W+31+30+31)요일 = (W+92)요일 = (W+13 × 7+1)요일 = (W+1)요일

9월 13일 = (W+31+30+31+31)요일 = (W+123)요일 = (W+17 × 7+4)요일 = (W+4)요일

10월 13일 = (W+31+30+31+31+30)요일 = (W+153)요일 = (W+21 × 7+6)요일 = (W+6)요일

11월 13일 = (W+31+30+31+31+30+31)요일 = (W+184)요일 = (W+26 × 7+2)요일 = (W+2)요일

이렇듯 모든 요일이 등장한다. W가 어떤 요일인지는 상관없다. 『수학Mathe』에서도, 7로 나눈 나머지들을 점차적으로 모아놓으면 나머지가 모두 포함된다고 한다.

하지만 너무 이론적으로 나아가기 전에, 다음 격언에 귀 기울여보고 싶다. 한 달이 일요일로 시작하면 미신을 믿는 사람은 13일의 금요일에 대비해야 한다. 이 사실로 이제까지 모르던 불안장애가 생기지 않기를 바란다. 1일의 일요일까지 무서워하지 말았으면 좋겠다.

1961년 8월 13일 베를린장벽이 건설되기 시작했다. 8년 후 미국 수학자이자 물리학자 리처드 고트J. Richard Gott는 동서 베를린의 경계를 찾아가 보고는 그 장벽이 얼마나 오래 서 있을지 깊이 생각했다. 세계의 복잡한 정치적 사건들이 어떻게 진행될지 예상하고 그것을 바탕으로 베를린장벽의 미래를 도출한 것이 아니라, 확률적으로 접근했다.

고트는 자신이 베를린장벽의 전체 존속기간 중 임의의 시점에 방문했다고 생각했기 때문에, 자신이 장벽을 찾아간 임의의 시점 t(현재)는 전체 존속기간의 0에서 1/4시점 이후, 즉 장벽 존속기간의 1/4에서 마지막 시점 사이에 위치할 것이라고 75퍼센트의 확신을 가지고 말할 수 있었다. t(현재)가 75퍼센트 영역의 왼쪽 경계에 있다면, 베를린장벽의 미래는 길어봤자, 즉 지금까지 지나온 8년의 3배가 될 것이다. 그래서 당시 고트는 그 장벽이 3×8=24년 이후, 즉 1993년에 더는 버티고 서 있지

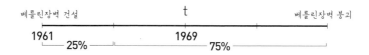

않으리라고 75퍼센트 확신할 수 있었다. 그리고 베를린장벽은 1989년에 무너졌다.

이는 단순하지만 천재적인 방법이다. 임의로 정한 확신 하나만으로(!) 어떤 현상이 앞으로 얼마나 지속될지 이제까지의 존속 기간을 이용해 예견하다니! 이 방법은 당신이 좋아하는 잡지가 앞으로 얼마나 계속 나올지, 또는 인류가 언제 멸종할지 알고자 할 때도 적용할 수 있다.

이 방법에는 최소한의 요소만 사용되었다. 연구할 현상의 존속 기간 중 순전히 임의의 시점이라고 볼 수 있는 시점 하나만 필요하다. 그런데 그 시점이 가장 중요하다. 연구 방법의 타당성은 완전히 무작위적인 시점에 달려 있다. 한 쌍의 결혼식이 끝나고 얼마 지나지 않은 시점에 그들의 첫 파티에 초대받았다면, 그 결혼의 존속기간을 예측하겠다고 그날의 시점을 이용하는 것은 타당하지 않다.

일상을 예측하는 것은 아주 쉽다

고트의 방법은 다음과 같은 상황에 이용할 수 있다. 당신이 중국을 방문했는데, 친구가 스포츠 경기장에 초대했다. 당신은 경기장에 관중이 얼마나 많이 올지 궁금해졌다. 당신은 티켓을 확인하고, 티켓 번호가 37번이라는 것을 알게 되었다. 어떻게 관중의 수를 맞출 수 있을까?

50퍼센트의 확률로 37번 티켓은 팔려나간 전체 티켓의 후반부에 속한다. 즉 50퍼센트의 확률로 최대 73명의 사람들이 경기장에 올 것이다. 74장 또는 그 이상의 티켓이 팔려나갔다면, 37번 티켓은 팔려나간 티켓의 전반부에 속할 것이다.

만약 더 강한 확신을 원한다면, 신뢰확률을 80퍼센트, 90퍼센트, 95퍼센트 또는 그 이상의 확률로 높여야 한다. 가령 90퍼센트 정도여야 만족한다면, 우선 생각해야 할 것은, 당신의 티켓 번호가 판매된 모든 티켓 중 앞에서 1/10에 속할 확률이 10퍼센트라는 것이다. 즉 앞에서 1/10 부분은 10퍼센트의 확률로 최소한 37개의 티켓을 포함한다. 다시 말해서 10퍼센트의 확률로 볼 때 적어도 $10 \times 37 = 370$장의 티켓이 팔렸고 반대확률 90퍼센트로 볼 때 370장 이하의 티켓이 팔렸다. 그러므로 당신은 당신의 친구가 대규모 행사에 초대하지 않았다는 것을 어지간히 확신할 수 있다.

이제 당신이 문제를 풀 차례다. 누군가 당신에게 어떤 책에서 자신이 좋아하는 단락을 읽어주었다. 그리고 그 단락이 27쪽에 있다고 말해주었다. 95퍼센트의 신뢰도로 그 책의 전체 페이지

수가 어림잡아 얼마나 될까?(답은 아래에)

한 번의 에이즈 검사는 확실하지 않다

12월 1일은 세계 에이즈의 날이다. 이 날에는 인체면역결핍 바이러스HIV와 그 바이러스가 가져오는 영향에 대한 많은 글이 읽힌다. 중요한 결론은, 새로운 연구에도 한번 감염된 사람은 완쾌되지 못하고 있다는 것이다. 운 좋게 선진국에 사는 사람들은 에이즈를 수년간 억제할 수 있는 약을 구할 수 있다.

전 세계 약 3,500만 명(WHO 추산)의 감염자는 치료를 받을 방법이 없다. 그리고 그들 중 반 이상이 자신의 혈관을 타고 돌아다니는 HIV에 대해 아직도 잘 모른다. 그들이 HIV를 안다 하더라도 도움을 받을 기회는 거의 없다.

독일에서는 원하는 사람 누구나 무료 HIV 테스트를 익명으로 받을 수 있다. 검사 동기에 대한 질문을 받지도 않고, 이유를 말할 필요도 없다. 로버트 코흐 연구소의 보고에 따르면 독일에는 2013년 말 기준 약 8만 명의 HIV 보균자가 살고 있다고 한다. 성교육과 에이즈 검사, 안전한 성관계에도 매년 3,000명 이상

32 카페에서 읽는 수학

이 감염되고 있다.

HIV 테스트를 받으러 가는 사람은 그 테스트 이면에 있는 수학을 알아야 한다. 에이즈 테스트는 두 단계로 나누어진다. 선별검사와 확진검사다. 독일에서 일반적인 HIV 테스트를 받는 사람은 의료 기관에서 혈액을 뽑고(감염 위험이 있는 사건 이후 12주가 지나야 검사에 의미가 있다) 채취된 혈액은 연구소로 보내진다. 그러면 대부분 효소면역측정법Elisa, enzyme linked immunosorbent assay 검사부터 행해지는데 이것이 소위 선별검사다. 선별검사는 무작위로 구성된 집단에서 특정 속성을 가진 사람을 가능한 모두 선별해내는 것이 목적이다. 효소면역측정법 검사의 목적은 HIV 항체를 가진 사람을 찾아내는 것이다.

만약 누군가 감염되었다면, 매우 높은 확률로 항체 양성반응이 나올 것이다. 이 확률을 테스트 민감성이라고 한다. 효소면역측정법 검사의 민감성은 99.7퍼센트에 이른다. 이것은 1,000명의 HIV 감염자 중 3명만 발견되지 않는다는 것을 의미한다. 효소면역측정법 검사의 특이성, 즉 감염되지 않은 사람이 음성반응을 보일 확률은 98.5퍼센트에 달한다.

첫 번째 HIV 테스트 결과 양성이라는 것을 들은 사람은 무엇보다도 한 가지가 알고 싶을 것이다. 이 진단이 얼마나 확실한 것일까? 이 검사 결과에 오진 가능성은 있는 것일까? 그 대답은 '그렇다'다. 게다가 그 확률은 매우 높다. 수학적 견해에서 바라보면 그러하다. 그래서 독일에서는 두 번째 검사로 확진하기 전에는 양성반응 결과를 알려주지 않는 것이 일반적이다.

첫 번째 단계에서 양성 판정을 받은 사람이 실제로 체내에 HIV를 가지고 있을 확률을 의학자와 수학자는 양성예측도라고 부른다. 양성예측도는 검사를 받은 그룹 내에서 어떤 질병이 얼마나 확산되어 있는지에 따라 좌우된다. 확산의 정도를 그 질병의 유병률이라고 한다. 첫 번째 양성반응 결과가 두 번째 검사에서 확진 판정을 받을 확률은 그 질병이 빈번하게 발생하는 곳에서는 더 높아진다.

두 번째 검사가 필요한 이유

독일의 HIV 유병률은 전 국민의 약 0.1퍼센트에 달한다. 평균 1,000명 중 1명이 이 바이러스에 감염되어 있다. 이제 독일에서 우연히 선택된 어떤 사람의 혈액이 효소면역측정법 검사에서 HIV 양성 판정이 나왔다고 가정하자. 양성예측도는 얼마나 높을까?

양성예측도는 베이즈의 정리로 밝혀낼 수 있다. 하지만 간단한 사고실험으로도 확률을 계산할 수 있다. 100만 명의 사람들로 이루어진 표본집단에 효소면역측정법 검사를 실시한다고 상상하자. 유병률이 0.1퍼센트이므로, 그중 1,000명은 실제로 HIV에 감염되었고 99만 9,000명은 감염되지 않았다고 가정한다. 1,000명의 감염자 중에서 997명은 양성반응 결과를 통보받을 것이다(테스트 민감성 99.7퍼센트). 비감염자 집단에서는 평균적으로 1,000명 당 15명이 양성 판정을 받으므로(특이성 98.5퍼센트의 나머지 1.5퍼센트). 99만 9,000명 중에서는 $15 \times 999 = 1$만 4,985명이 해당한다.

모두 합하면 $997 + 1$만 $4,985 = 1$만 5,982명이 양성 판정을 받게 된다. 하지만 실제로는 1,000명만 병원체를 보유하고 있다. 다른 말로 하면, 평균적으로 양성 판정을 받은 16명 중 단 1명만 HIV를 가지고 있으며, 그 수는 양성 판정을 받은 사람의 약 6퍼센트밖에 되지 않는다.

많은 사람이 이런 결과를 보고 매우 놀란다. 에이즈 효소면역측정법 검사의 민감성과 특이성은 매우 높다. 그렇지만 여기에서 고려되지 않는 것은, 독일에서 이 질병의 유병률이 매우 낮다는 사실이다. 이 점 때문에 양성 판정을 받을 때 그 검사 결과가 잘못 나왔을 확률이 실제로 감염되어 있을 확률보다 높다.

사실이 이렇기 때문에, 독일에서 HIV 양성 반응 결과는 선별 검사뿐 아니라 확진검사에서도 양성 판정이 확인된 다음에서야 환자에게 알린다. 그래서 언제나 두 번째 검사가 실시된다. 법적으로 규정된 사항이다.

뿐만 아니라 시간과 비용이 매우 많이 소요되는 웨스턴 블롯 Western blot 검사를 시행해 잘못된 양성 판정을 배제한다. 이 검사법은 99.99퍼센트의 특이성과 약 80퍼센트의 민감성을 보인다. 그래서 두 검사를 받은 후에 HIV에 감염되었다고 통보를 받은 사람은 잘못된 결과를 받았을 확률이 매우 낮다. 두 번 양성 판정을 받았다면 감염 확률은 99.8퍼센트다.

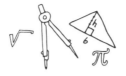

남의 떡이 커 보이는 이유

왜 친구들은 나보다 사랑받을까?

오늘날 페이스북에는 약 2,700만 명의 독일인이 분주하게 활동하고 있다. 소셜네트워크를 통해 누구나 서로서로 만날 수 있다. 페이스북이 메신저 왓츠앱WhatsApp을 인수했으므로 페이스북 사용자의 관계망은 더 긴밀해지고 더 많은 새로운 친구와 맺어질 수 있게 되었다. 이제 이런 질문을 할 수 있다. 내 페이스북 친구 그룹에는 별 이상이 없는가?

페이스북 친구 네트워크는 매우 복잡하다. 나, 친구들, 친구의 친구들, 친구의 친구의 친구들……로 구성되어 있다. 그렇게 무작위로 끝도 없이 나아간다. 그러면 이제 친구의 수를 살펴보자. 그리고 더 나아가 친구들이 평균 몇 명과 친구를 맺고 있는지 살펴보자.

단언하건대 나는 당신이 누군지 모르고 당신의 친구가 몇 명인지도 모른다. 그런데도 감히 예측하건대, 당신의 친구들이 평균적으로 당신보다 친구가 많을 것이다. 내 말이 맞지 않은가?

내 말이 맞는다 해도, 당신이 당신의 친구들보다 덜 매력적이고, 덜 재미있고, 덜 호감이 가는 사람이어서가 아니다. 그 이유는 수학에 있으며, 실은 그 이유가 거의 전부라고 보아도 무방하다. 언뜻 보기에 이것은 얼토당토않은 말 같다. 왜 한 사람의 친구 수와 친구의 친구 수 사이에 차이가 있어야 하는가? 이것을 '친구 관계의 역설'이라고 한다.

친구가 없는 사람과 모두가 친구인 사람

앞의 이야기를 페이스북으로 기막히게 검증할 수 있다. 2011년 연구 결과에 따르면 페이스북 사용자는 평균적으로 190명의 친구가 있다. 그렇지만 페이스북 사용자의 친구들은 평균 635명의 친구가 있다. 이는 상당한 차이기 때문에 심각한 왜곡이 있다고 보일지 모른다. 실제로 페이스북 사용자의 93퍼센트는 자신의 친구 수가, 친구들의 평균 친구 수보다 적기도 하다.

페이스북 친구가 적다고 나쁠 것이 있는가? 글쎄, 기분이 조금 안 좋은 것 같다. 다른 연구 결과에 따르면 페이스북 사용자가 늘어나면서 사용자 만족도는 줄어들었다고 한다. 페이스북은 많은 사람에게 친구들이 나보다 재미있고, 멋있고, 사교적으로 살고 있다는 느낌이 들게 한다. 그리고 친구 관계의 역설도 이런 감정을 갖게 하는 데 일조한다.

그러면 그 심각한 왜곡은 어디에서 발생하는 것일까? 친구가 많은 사람은 이미 친구가 많기 때문에 당신과도 친구를 맺을 가능성이 크다. 다시 말해서, 전체 네트워크와 비교해서 친구가 많은 사람은 과도하게 드러나는 반면, 친구가 적은 사람들은 잘 드러나지 않는다. 그래서 친구들의 친구 수는 당신의 기분을 거스르는 쪽으로 왜곡되는 것이다.

좀더 쉽게 설명해보자. 극단적으로, 친구가 하나도 없는 사람은 당신의 친구가 될 확률 역시 0이다. 그 사람이 전체 네트워크에서 나타나면, 모든 사용자의 친구 수의 평균을 계산할 때 0이라는 값을 내놓는다. 그리고 그 누구의 친구 목록에도 나타나지 않는다. 그와 완전히 반대의 경우를 생각해보자. 모든 사람과 친구를 맺은 사람이 있다. 그는 100퍼센트의 확률로 당신의 친구일 뿐 아니라 모두의 친구다. 그는 친구가 많으며, 모든 이의 친구 목록에 나타난다.

대부분의 친구는 이 두 극단적인 경우의 중간 어디쯤에 있다. 그들은 양극단 중에서 친구가 적은 사람 쪽보다 많은 사람 쪽에 있을 확률이 높다. 일반적으로 말해서, 임의로 한 친구를 선택하면, 그 친구는 친구가 적은 사람의 친구이기보다 친구가 많은 사람의 친구일 확률이 높다.

친구 관계의 역설

다른 예를 들어보자. 올해 이미 감기에 걸렸는지? 감기 바이러스가 극성을 부리는데도 아직 감기에 걸리지 않았다면, 머지 않아 감기에 걸리게 될 것이다. 감기가 유행하는 시기에는 친구들과의 관계가 문제가 된다. 사회적 관계망에는 상당히 복잡한 구조와 흥미로운 특징들이 있다. 그 특징 중 하나는 앞서 이야기한 친구 관계의 역설이다. 친구 관계의 역설을 생각해보면 감기가 어떻게 번져나가게 될지 예견할 수 있다.

내 사회적 관계망은 나, 내 친구들, 친구의 친구들, 친구의 친구의 친구들……로 구성되어 있다. 현실의 삶에서도, 페이스북 같은 소셜네트워크에서도 마찬가지다. 앞서 말했듯, 페이스북 사용자의 평균적인 친구 수는 190명이고, 그 친구들은 평균적으로 635명의 친구가 있다. 그리고 그것은 친구를 많이 가진 사람과 친구 맺기를 하게 될 확률이 높기 때문이다. 이것이 친구 관계의 역설이다.

친구가 많을수록 감기에 더 걸린다

친구가 많다는 것이 항상 좋은 것만은 아니다. 다른 사람보다 친구가 많은 사람은 대개 더 자주 병에 걸리고, 감기에도 더 잘 감염된다. 이에 대해 예일대학 의학과 교수 니컬러스 크리스태키스Nicholas Christakis와 샌디에이고주립대 의료유전학과 교수 제임스 파울러James Fowler가 흥미로운 연구를 진행했다. 그들은 친구 관계의 역설을 바탕으로 한 모집단에서 대표 표본을 뽑았다. 이를 A집단이라 하자. 그런 다음 A집단에 있는 사람들에게 1명 이상의 친구를 지명하라고 요청했다. 그렇게 지목된 사람들을 B집단이라 하자.

A집단과 B집단은 여러 면에서 차이가 있다. 크리스타키스와 파울러의 연구는 총 744명의 미국 대학생을 대상으로 했고, 그들은 무작위로 선택된 표본(A집단)의 구성원이거나 A집단 구성원이 지목한 친구로 구성된 표본(B집단)에 속한다. 이 연구는 B

집단 구성원들이 A집단 구성원들보다 평균적으로 2주 먼저 감기에 걸렸다는 것을 보여주었다(Christakis & Fowler, 2011).

이 결과는 유행성 감기의 전망을 예측하는 데 상당히 유용하다. 앞으로 감기와 같은 종류의 유행병이 어느 지역에 퍼질지 예견해야 하는 경우에 일종의 조기 경보 시스템 역할을 할 수 있다. 의사들에게 현재 감기 환자의 수를 묻거나, 구글에서 감기 증상들을 검색한 수를 조사해서 유행의 동향을 조사하는 등 다른 예측 방법들은 현재 상태만을 보여줄 뿐이다. 그러나 친구 집단에서 병의 진행 과정을 연구하면 모집단에서 병이 유행하기 2주 전의 상황을 파악할 수 있다. 2주 전의 진행 과정은 예방 대책을 세우는 데 상당히 중요하다.

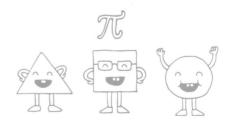

제2장

우연을 계산하다

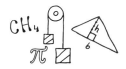

도박과 수학

우연에 대한 이론

우연의 법칙에 대한 수학적 연구의 시작은 도박과 관련 있다. 우연한 사건이 벌어지는 것에 대한 수학적 이론은 17세기 블레즈 파스칼Blaise Pascal과 피에르 페르마Pierre de Fermat 사이의 서신 교환에서 촉발되었다.

한 가지 문제가 중요한 역할을 했는데, 그 문제는 당대의 수학자들 사이에 격렬한 논쟁을 일으켰다. 그 역사를 거슬러 올라가 보면, 이탈리아 르네상스 시대의 가장 유명한 산술의 대가 루카 파치올리Luca Pacioli에까지 이른다.

다음의 문제를 살펴보자. 도박꾼 A와 B가 각각 14두카트(옛 유럽 금화 이름-옮긴이)를 내걸었다. 두 사람이 전체 판돈을 놓고 도박을 하는데 여러 판이 돌아가야 끝이 난다. 판마다 동전을 던져 승리자를 결정한다. A와 B는 먼저 5판을 이기는 사람이 전체 판돈을 갖기로 약속했다. 그런데 A가 4:3으로 이기고 있을 때 불가항력적인 일로 게임이 중단되었다. 현재의 상황에서 전체 판돈을 두 도박꾼에서 어떻게 나누어야 공정할까?

앞에서 언급한 것처럼, 파스칼과 페르마에게서 비롯된 시각이 수학자 다수의 지지를 얻어 확고한 위치를 차지하게 되었다. 그 견해는 간단한 사고실험에 입각한다. B가 다음 판에서 이긴다면, 동점이 될 것이다. 동점이 되면 두 사람 모두 전체 판돈의 반을 받는다. 그렇지만 B는 게임이 중단되었기 때문에 동점을 이루지 못했고, 동점이 될 수 있는 50퍼센트의 기회만 갖고 있다. 다음 여덟 번째 판에서 이길 확률과 질 확률이 같기 때문이다. 따라서 B는 전체 판돈의 반의반, 즉 1/4만 받게 된다(동점이 될 확률 1/2×동점에서 이길 확률 1/2) 그에 상응해 A는 3/4를 받고, 결국 B보다 3배나 많이 받는다. 결론적으로 전체 판돈은 3:1로 분배되었다. 이 사고실험의 알고리즘은 연속된 게임을 진행하면서 앞으로의 과정을 계산할 때 상당히 중요하다.

답을 바꿀까, 말까?

1913년 에르되시 팔Erdös Paul이 태어났다. 에르되시는 누구나 인정하는 천재였고 일벌레였다. 이미 3세 때 수학을 파고들었고 부모님의 친구들 앞에서 그들의 나이를 초 단위로 계산해냈다. 어머니가 돌아가셨을 때 에르되시는 58세였는데, 그의 열정은 완전히 강박증으로 발전했다. 그때부터 그는 하루에 19시간을 일했다. 자신을 계속 압박하기 위해 암페타민을 복용하며 스스로 자극을 가했다.

에르되시는 인생의 마지막 25년 동안 정해진 거처도 없이 살았다. 수학자로서 벌어들이는 수입 역시 너무 보잘것없었다. 그는 학회 여기저기를 돌아다니며 이 친구 저 친구의 집을 전전했다. 어떤 친구는 자신의 집에 에르되시의 방을 비워놓았고 어떤 친구들은 그의 재정 상황이나 건강, 노후 대책을 도와주고 편안하게 해주려고 노력했다.

오늘날 그의 이름은 총 1,475권의 학술 출판물을 장식하고 있다. 그 책들은 극도로 어려운 수학 문제들을 다루고 있다. 그리고 당연히 해법도 들어 있다. 그러나 그 천재도 '세 문의 역설' 문제(몬티 홀 문제라고도 알려져 있다)를 어려워했다.

당신이 퀴즈 쇼 출연자라고 하자. 당신은 닫혀 있는 문 셋 중에서 하나를 선택할 수 있다. 세 문 중에서 어느 문 뒤에는 값비싼 자동차가 상품으로 준비되어 있고 나머지 두 개의 문 뒤에는 각각 염소가 있다. 당신이 문 하나를 선택하고 나면(이 문을 1번 문이라고 하자) 퀴즈 진행자가 문 하나를 더 열어보인다. 진행자는 자동차가 어디에 있는지 정확히 알고 있으므로 언제나 염소가 있는 문을 열 것이다(이 문을 3번 문이라고 하자). 그다음 진행자는 당신에게 첫 번째 선택을 고수할 것인지 2번 문으로 바꿀 것인지 묻는다. 당신이 상품을 타고 싶다면 선택을 바꾸는 것이 유리할까, 바꾸지 않는 것이 유리할까? 아니면 어떻게 하든 마찬가지일까?

이 문제가 멋지게 느껴지는 것은 열띤 토론을 이끌어내기 때문이다. 오늘날까지도 올바른 풀이 방법에 대해, 확률과 요행에 대해, 불확실한 상황에서 내릴 수 있는 최적의 결정에 대해 불꽃 튀는 토론이 벌어진다. 아무튼 나는 그렇게 경험했다. 내가 참석한 자리에서 이 문제에 대해 이야기할 때는 언제든지 토론이 벌어지곤 했다.

위대한 에르되시와 겨루어보고 싶은 마음이 있는가? 당신이라면 2번 문을 선택하겠는가? 결정을 바꾼다면 그 이유는 무엇이고, 바꾸지 않는다면 무슨 이유 때문인가?

결정을 바꾸어야 하느냐 마느냐의 질문으로 어떤 종교도 만들어지지 않겠지만, 바꾸겠다는 사람들과 바꾸지 않겠다는 사람들 사이에는 종교전쟁 같은 것이 일어난다. 매우 똑똑하다고 하는 소수의 사람조차도 이 문제를 무척 어렵게 생각했고 에르되시 역시 그들 중 하나였다. 그는 오랜 시간 틀린 풀이 방식을 포기하지 못하고, 컴퓨터가 역산을 해서 풀이 방식이 틀렸다는 것을 보여줄 때까지 고집하곤 했다.

나와 이 문제에 대해 대화한 사람 대부분은 결정을 바꾸든 안 바꾸든 결과가 같을 것으로 생각했다. 그런데 실은 그렇지 않다. 선택을 바꾸는 것이 상품을 탈 수 있는 확률을 2배로 만든다. 정답은 처음의 선택을 바꾸어야 한다는 것이다. 하지만 어떻게 설명해야 제대로 이해할 수 있을까?

설명할 수 있는 방법은 많이 있다. 수형도를 그리거나 확률이론에서 나오는 베이즈의 정리를 이용하며 바꿀 때와 바꾸지 않을 때 어떤 차이가 있는지 알아볼 수 있다. 하지만 가장 간단한 방식은 두 경우가 어떻게 성공에 이르는지 확인해보는 것이다.

내가 결정을 바꾸지 않는다면, 내 선택으로 자동차가 있는 문을 맞혔을 경우에만 자동차를 얻을 수 있다. 차는 1대뿐이지만 문은 3개고, 차가 각 문 뒤에 있을 확률은 같기 때문에, 차를 얻을 수 있는 확률은 1/3이다.

내가 결정을 바꾼다면, 거꾸로 내가 첫 번째 선택에서 염소가 있는 문 중에서 하나를 선택했을 경우에만 그 선택을 바꿔 자동차를 얻게 된다. 염소가 있는 문은 2개이기 때문에 염소를 선택했을 확률은 2/3다. 맨 처음에 염소가 있는 문을 선택했다면, 진행자는 염소가 있는 다른 문을 선택의 여지 없이 열어야 하고, 이어서 내가 결정을 바꾼다면 자동차가 있는 문을 선택하는 것이 되고 마는 것이다.

자, 어떤가. 왜 그렇게 많은 사람이 마지막에 아직 닫혀 있는 두 문 앞에서 상품을 탈 수 있는 확률이 똑같이 1/2이라고 생각하는지는 심리학적으로 흥미로운 문제다. 스위스의 장 피아제 Jean Piaget 같은 발달심리학자들이 연구한 바에 따르면, 어린아이들은 여러 사건 중에서 한 사건이 일어나는 것을 보고 모든 가능한 경우 중 하나로서 확률을 직관적으로 이해하게 된다고 한다. 많은 사람이 이런 직관을 어른이 되어서도 이용한다. 이런 직관은 일어날 수 있는 모든 경우의 발생 확률이 전부 똑같지 않다면 틀릴 수 있다.

그러나 비둘기들은 그런 문제가 없는 것 같다. 한 연구에서 비둘기 6마리가 최선의 전략을 찾는 시합에서 학생 12명을 이겼다. 이 결과는 확률을 다루는 인간의 직관이 상당한 왜곡에 취약하다는 또 다른 증거다. 나는 직무를 위해 비둘기 몇 마리를 사들일지 깊이 고려해보았다. 아주 까다로운 확률 문제가 있을 때 비둘기의 집단지성을 이용해보면 어떨까?

또 하나의 몬티 홀 문제

몬티 홀 문제를 재미있게 풀었던 사람들을 위해 작은 보너스를 하나 준비했다. 3개의 문이 닫혀 있는데 그중 하나의 문 뒤에는 상품으로 자동차가 있다. 나머지 두 문 뒤에는 염소가 한 마리씩 있다. 당신은 문 하나를 가리킨다. 그런데 프로그램 진행자의 발이 미끄러지는 통에 나머지 두 문 중 하나가 똑같은 확률로 열렸는데, 그 문은 우연히도 염소가 있는 문으로 드러났다. 그런 다음 진행자는 당신에게 첫 번째 선택을 고수할지, 닫혀 있는 다른 문으로 바꿀지 선택할 기회를 주었다. 자동차를 타기 위해 첫 번째 결정을 바꾸는 것이 나을까, 바꾸지 않는 것이 나을까? 아니면 어느 쪽을 택하든 상관없는 것일까?

이 상황은 진행자가 미끄러지면서 우연히 자동차가 있는 문을 열 수도 있었기 때문에, 일반적인 몬티 홀 문제와는 다르다. 비록 진행자가 자동차가 있는 문을 열지 않았지만, 그 가능성만으로도 상품을 탈 수 있는 확률이 변했다. 일반적인 문제에서는 결정을 바꾸게 되면 1/3에서 2/3로 변경되기 때문에 상품을 탈 수 있는 확률이 2배가 되지만, 지금 이 문제에서는 결정을 바꿀 때와 바꾸지 않을 때 각각 상품을 탈 확률이 1/2이다.

앞서 문제와 다른 결과가 나온 것은 왜일까? 처음 당신이 선택한 문을 1번 문이라 하면, 진행자가 염소가 있는 문을 여는 경우는 4가지다.

1. 자동차는 1번 문 뒤에 있고 진행자는 2번 문을 열었다.
2. 자동차는 1번 문 뒤에 있고 진행자는 3번 문을 열었다.
3. 자동차는 2번 문 뒤에 있고 진행자는 3번 문을 열었다.
4. 자동차는 3번 문 뒤에 있고 진행자는 2번 문을 열었다.

이 4가지 상황이 일어날 확률은 모두 같다. 자동차가 1번 문 뒤에 있을 확률은 1/3이고 이때 진행자가 2번 문을 열 확률은 1/2이기 때문에, 첫 번째 상황이 일어날 확률은 1/6이다. 두 번째 상황도 같은 경우다. 세 번째, 네 번째 상황에도 이 확률이 적용된다. 진행자는 3번(또는 2번) 문을 1/2의 확률로 열기 때문이다. 그러나 일반적인 몬티 홀 문제에서는 세 번째, 네 번째 상황에서는 진행자가 선택의 여지 없이 염소가 있는 3번(또는 2번) 문을 열 수밖에 없다. 그 확률은 1이다. 이것이 본래 몬티 홀 문제와 이 보너스 문제의 차이다.

이제 확률이 같은 4가지 상황을 살펴보자. 그중 2가지 상황에서는 첫 번째 결정을 바꾸었을 때 상품을 얻고 나머지 두 상황에서는 결정을 바꾸지 않았을 때 상품을 얻을 수 있었다. 따라서 결정을 바꾸든, 바꾸지 않든 중요하지 않다.

이 과정은 컴퓨터로 시뮬레이션할 수 있다. 컴퓨터를 이용해 반복적으로 연습하면서 어느 정도까지 확률을 구해보는 것이다. 더군다나 이 진행 과정은 머릿속에서 사고실험으로도 돌려볼 수 있다.

300번 연습해보면 당신은 일반적인 몬티 홀 문제에서는 평균적으로 100번 자동차 있는 문을 가리키고 200번 염소가 있는 문을 가리킬 것이다. 만약 당신이 첫 번째 결정을 바꾸지 않는다면, 자동차를 받을 기회는 100번이 되고 200번은 기회를 놓치게 될 것이다. 만약 결정을 바꾼다면 결과는 반대가 된다.

이 보너스 문제에서는 완전히 다른 결과가 나온다. 300번 실행을 해보면 평균적으로 100번은 당신은 자동차가 있는 문을 지목하고 200번은 염소가 있는 문을 지목한다. 자동차를 지목하는 100번은 일반적인 몬티 홀 문제와 다를 것이 없다(결정을 바꾸지 않는다면 자동차를 얻는다). 하지만 염소가 있는 문을 지목하는 200번의 경우, 100번은 진행자가 염소가 있는 다른 문을 열고(이때는 결정을 바꾸어야 자동차를 얻는다), 나머지 100번은 진행자가 자동차가 있는 문을 연다. 진행자는 자동차를 얻을 수 없기 때문에 진행자가 자동차가 있는 문을 여는 경우 아무런 의미가 없다.

그러므로 300번을 시행할 때 최종적인 결과는 다음과 같다. 처음의 결정을 바꾼다면 평균적으로 100번 자동차를 얻을 수 있고, 결정을 바꾸지 않는 경우에도 100번 자동차를 얻을 수 있다. 그리고 100번은 무효다. 따라서 결정을 바꾸는 것과 바꾸지 않는 것 모두 자동차를 얻을 수 있는 확률이 같다.

축구와 수학

축구의 신은 주사위를 던진다

"신은 주사위를 던지지 않는다"라고 알베르트 아인슈타인이 말한 적 있다. 하지만 그가 그때 말한 신은 축구의 신이 아니다. 다른 모든 스포츠와 마찬가지로 축구에서도 경기 능력이 가장 중요하다. 하지만 우연도 아주 중요한 역할을 한다. 자료를 분석해보면 축구에서 우연이 차지하는 비중은 특히 크다.

뮌헨공과대학 스포츠학과 교수 마르틴 라메스Martin Lames는 1,000번의 분데스리가 골을 분석해서 우연히 들어간 골의 빈도를 밝혀냈다. 골인될 때 운이 가장 큰 영향을 준 예를 들면 다음과 같다.

- 슛이 다른 사람의 몸에 맞아서 골키퍼가 잡을 수 없는 방향으로 휘어 들어갔다.
- 공이 골포스트나 크로스바에 맞아서 들어갔다.
- 골대에 맞고 튀어나온 공을 앞에서 다시 밀어넣었다.
- 아주 먼 곳에서 찬 공이 골이 되었다.
- 골키퍼가 골을 잡았다 놓쳤다.
- 골게터가 상대편의 공을 받아 골을 넣었다.

이처럼 정의를 내린 후 수년간 연구한 결과 전체 골 중 약 40퍼센트는 우연히 들어간 골이었다. 이런 우연은 이해하기 어려울 정도다. 하지만 수학자는 우연에서도 이론을 개발했다. 바로 확률이론이다. 300년 이상 동안 수학자들은 우연의 수학적 속성을 찾아냈다.

몇 대 몇으로 이길 확률이 높을까?

우연은 불규칙적이지 않다. 우연 역시 법칙을 따른다. 축구 경기에서 벌어지는 우연 역시 마찬가지다. 축구 경기에서 우연은 특별한 역할을 한다. 그 우연은 우리가 다른 상황에서 알고 있는 구조로 되어 있다.

다시 골 이야기를 해보자. 전체 경기 시간을 매우 작은 시간대로 잘게 나눈다면, 대체로 다음과 같은 조건이 적용된다.

- 골은 상당히 드물게 들어간다. 대부분의 시간대에는 골이 전혀 들어가지 않고, 그 밖의 시간대에서는 기껏해야 한 골 들어간다.
- 어떤 시간대에서 한 골이 들어가는 확률은 그 시간대의 길이에 비례한다.
- 어떤 시간대에서 한 골이 들어가는지는 다른 시간대에서 골이 들어가는지 안 들어가는지와 아무 상관이 없다.

재미있는 것은, 이 세 특징으로 우연은 특정한 유형의 구조를 갖게 된다는 것이다. 골은 푸아송 분포를 따라 들어간다. 푸아송 분포는 1951년 모로니M. J. Moroney가 자신의 책 『수치에서 알아낸 사실들Facts from Figures』에서 서술했다.

많은 상황에서 비슷한 우연이 일어난다. 위에서 설명한 특징들을 만족시키는 상황, 예컨대 도시에서 교통사고가 일어나거나, 숲에서 벼락을 맞거나, 어떤 지역에서 탄생·사망·결혼·자살이 발생하는 경우 등에서 일어난다. 방사성 원소의 붕괴에서도 마찬가지다. 원자가 방사선을 방출하는 것처럼, 축구팀은 같은 통계적 패턴에 따라 골을 만들어낸다. 방사성붕괴에서 그렇듯 푸아송 분포를 이용해 몇 가지 확률을 산출할 수 있다. 한 경기에서 한 팀이 k골을 넣을 확률은 $e^{(-m)}m^k/k!$다. 이 식에서 $e=2.718\cdots$는 오일러 상수고, $k!$은 $k\times(k-1)\times(k-2)\times\cdots\times3\times2\times1$을 간략하게 쓴 것이며, m은 경기당 한 팀이 평균적으로 넣는 골의 수다.

독일 분데스리가에서 홈팀은 평균 1.63골을 넣고 원정팀은 1.25골을 넣는다(2008~2009시즌에서 2012~2013시즌까지의 값). 위 공식에 넣어 계산하면 홈팀의 0, 1, 2, 3, 4, 5골에 대한 푸아송 확률은 각각 19.59퍼센트, 31.94퍼센트, 26.03퍼센트, 14.14퍼센트, 5.76퍼센트, 1.88퍼센트다. 원정팀의 골은 28.65퍼센트, 35.81퍼센트, 22.38퍼센트, 9.33퍼센트, 2.91퍼센트, 0.73퍼센트다. 구체적인 경기 결과를 넣어 확률을 계산하면, 1:1의 경우 확률은 $0.3194\times0.3581=0.1144=11.44$퍼센트가 된다. 위의 4시즌 동안 실제로 이런 경기 결과는 11.6퍼센트에 달했다. 와우! 게다가 1:1은 빈도가 가장 높게 나타나는 경기 결과기도 하다. 다음은 가장 빈번하게 일어나는 5가지 경기 결과의 실제 빈도와 통계적 확률을 비교한 것이다.

경기 결과	실제 빈도(%)	푸아송 확률(%)
1:1	11.6	11.4
2:1	9.0	9.3
1:0	8.3	9.2
2:0	7.4	7.5
1:2	7.0	7.1

이외에 다음 경기 결과도 비교가 가능하다.

경기 결과	실제 빈도(%)	푸아송 확률(%)
홈팀 승리	45.1	46.3
무승부	24.7	24.4
원정팀 승리	30.2	29.4

정말 놀랍게도 수학적인 모델과 실제가 일치한다. 우리는 축구의 신의 속내를 꿰뚫었다!

축구장과 맥주병과 공깃돌

독일인이 가장 좋아하는 게임은 무엇일까? 당연히 축구다. 하지만 축구보다 좋아하는 것은 로또다. 수요일마다, 토요일마다, 매주, 독일 로또는 약 1억 유로를 지출한다. 로또 방송 시청자의 전체 수를 집계해보면, 분데스리가 경기를 관람할 때보다 많은 사람이 텔레비전 앞에 앉아 있다. 그리고 그 어떤 방송에서도 방송 말미에 그렇게 많은 시청자가 좌절감을 맛보지 않는다.

로또 방송은 계속해서 뉴스에 나온다. 당첨 번호가 9, 10, 11, 12, 13, 37번이었을 때는 5,295회 추첨이었다. 그런 당첨 번호가 나올 확률은 약 1:7,391이다. 그중 5개 숫자가 연이은 수인 경우는(6개 숫자가 모두 연이은 수가 아니다) 71년에 한 번 일어날 수 있다. 그런데 1999년 4월 10일에 이미 그런 일이 벌어졌다. 그 날 당첨 번호는 2, 3, 4, 5, 6, 26이었다. 5,295회에 5개의 연이은 수가 나온다는 것이 극히 드문 일일까? 그 대답은 딱 잘라 '아니오'다.

이 확률은 푸아송 분포를 이용해 계산할 수 있다. 푸아송 분포는 축구 경기에서 골의 수를 계산할 때 이용했다. 그 상황을 그대로 가져와 쓸 수 있다. 축구 경기에서 골이 들어가는 것이 로또 추첨에서 연이은 수 5개가 나오는 것이 된다. 경기마다 들어간 골의 예상치는 5,295번을 추첨해서 연이은 수 5개가 나올 기대치와 같다. 이 기대치 $a=5295/7391=0.716$이다. 그러면 5,295번을 추첨해서 연이은 다섯 숫자가 m번 나올 확률은 $(e^{-a}) \times (a^m)/m!$이다. 여기에서 $e=2.718\cdots$는 오일러 상수고, $m!$은 1부터 m까지의 자연수들의 곱$(1\times2\times\cdots\times m)$이다.

m이 0 또는 1 또는 2일 때 이 식에 대입한다면, 그 확률은 각각 48.9퍼센트, 35.0퍼센트, 12.5퍼센트다. 5,295번 추첨을 하는 동안 연이은 수 5개가 2번 나올 확률은 약 1:8이다. 이것은 하나도 드문 일이 아니다.

그러나 당첨 숫자 6개를 맞힐 확률은 1:14,000,000이다. 이것은 상당히 희박한 확률이라서 나는 이따금 로또를 사러 가는 길에 벼락에 맞아 죽을 확률이라고 설명하고는 한다. 한 건강한 중년 남자가 다음 해에 죽을 확률이 1,000분의 1이라면 그가 15분 후에 죽을 확률은 대략 로또에 당첨될 확률과 비슷하다. 다른 말로 표현하면, 당첨된 복권을 은행에 제출하러 늦게 갈수록, 백만장자가 될 확률보다 돈을 받기도 전에 이미 죽어 있을 확률이 커진다. 다음 그림은 알렉스 발코 Alex Balko 의 작품이다. 사람이 죽는 끔찍한 그림이 아니라서 마음에 든다.

뚜껑 열린 맥주병이 축구장의 아무 곳에나 놓여 있다. 새 한

마리가 우연히 축구장 위에서 돌고 있다. 새는 맥주병이 있다는 것을 전혀 모른다. 새는 발톱 사이에 작은 공깃돌을 끼고 있다. 언젠가 공깃돌이 새 발톱에서 미끄러져 떨어질 것이다. 예상하는 것처럼 공깃돌이 정확하게 맥주병 안으로 들어갈지 모른다. 거의 불가능한 일이지만, 로또에 당첨될 확률보다 불가능한 것은 아니다.

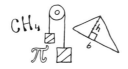

셰익스피어와 수학

셰익스피어는 얼마나 많은 단어를 알았을까?

"셰익스피어는 하느님 다음으로 많은 것을 창조했다"라고 소설가 알렉상드르 뒤마 Alexandre Dumas가 말했다. 실제로 셰익스피어는 방대한 양의 작품을 남겼다. 그는 작품에 3만 1,534가지 단어를 사용했다. 그 단어를 모두 모아놓으면, 이런 궁금증이 들지 않을 수 없다. 셰익스피어가 알고 있으면서도 쓰지 않은 단어는 얼마나 될까?

그 질문의 답을 찾는 것은 불가능한 것 같다. 감히 내가 시도해본다면 다른 사람이 이제까지 꿈꾸지 못한 꿈의 수를 계산해내는 것이나 마찬가지가 될 것이다. 그렇지만 지금 셰익스피어의 어휘 수를 수학적으로 밝혀내보려고 한다. 하지만 완전히 다른 문제부터 시작하자.

나비와 단어들

1940년경 생물학자 스티븐 코베트Steven Corbet는 나비를 잡으러 아시아의 원시림에서 2년을 보냈다. 118종의 나비는 각각 한 마리씩만 채집했고, 74종의 나비는 두 마리씩 채집했다. 각 종마다 채집한 나비 수는 다음 표와 같다.

k	1	2	3	4	5	6	7	8	9	10	11	12	13	14	15
n(k)	118	74	44	24	29	22	20	19	20	15	12	14	6	12	6

코베트가 원시림으로 돌아와 앞으로 2년 동안 머무를 텐데 그동안 새로운 종, 즉 이제까지 채집하지 않은 종은 각각 몇 마리씩 잡게 될지 예측해줄 것을 부탁했다고 가정하자.

어빙 존 굿Irving John Good과 조지 호가트 툴민George Hoggart Toulmin은 이 질문에 다음과 같이 대답했다. 어느 기간에 A종의 표본 하나를 채집할 확률은 그 기간에 비례한다. 동시에 종마다 표본이 얼마나 잡히느냐는 그 종의 개체 수에 따라 달라진다. 이런 가정은 앞서 축구 경기에서 골의 수를 예측했을 때 사용했던 것과 동일한 통계적 방법이 사용된다. 즉 푸아송 분포다.

푸아송 분포를 응용해 계산하면, 한 특정 종이 두 번째 2년의 기간에 관찰되고 첫 번째 기간에는 관찰되지 않는 확률은 $e^{-m(a)}$×$[1-e^{-m(a)}]$다. 여기에서 $m(a)$은 2년간 채집된 a종 표본의 평균수다. 모든 종에 대해 이렇게 계산한 값의 합을 구한 다음 간단한 계산을 하면 새로운 종의 수를 예측할 수 있다. $n(1)-n(2)+n(3)-n(4)+\cdots\cdots=118-74+44-24\cdots\cdots=75$. 즉 코베트가 첫 번째 2년간 체류할 당시 미처 발견하지 못했지만 두 번째 연구 기간에 탐구해야 할 새로운 나비는 75종이다.

새로운 작품이 발견된다면

축구 경기를 할 때 한 팀당 골의 수, 나비 연구에서 한 종당 채집한 표본의 수, 책 한 권에서 한 단어의 사용 빈도수. 이들은 통계적으로 보면 모두 푸아송 분포를 이룬다. 이 통계적 방법이 적용되는 이유는 저자마다 나름의 어휘를 가지고 있기 때문이다. 책 안에 들어가는 단어의 빈도수는 저자마다 다르지만 한 저자를 대상으로 할 때는 거의 일정하다. 그래서 한 저자의 책은 빈도분포에서 임의로 추출된 표본으로 간주할 수 있다.

1968년 셰익스피어 연구자 마빈 스피백^{Marvin Spivack}은 셰익스피어가 저작에 단어 88만 4,647개를 사용했다고 밝혔다. 단어 3만 1,534개 중 1만 4,376개는 전체 작품에서 겨우 한 번만 등장했고, 4,343개는 2번 등장했다. 단어의 등장 횟수를 세어본 결과, 각 등장 횟수별 단어 수를 등장 횟수에 곱해 모두 더하면 88만 4,647개가 된다. 다음은 스피백이 만든 표에서 발췌한 것이다.

k	1	2	3	4	5	6	7	8	9	……
n(k)	14,376	4,343	2,292	1,463	1,043	837	638	519	430	……

완전히 새로운 셰익스피어의 작품이 발견되었다고 가정하자. 주제와 내용은 완전히 새로워도 분량은 이전 작품과 같다면, 이전 작품에서 사용한 단어 중 많은 단어가 새 작품에도 사용될 것이다. 하지만 분명히 새로운 단어들도 몇 가지 들어 있을 것이다. 이처럼 가정한 셰익스피어의 새 작품에는 이전 작품에 등장한 적 없는 새로운 단어가 얼마나 있을까? 이 예측값은 위에서 소개한 방식으로 계산할 수 있다. 14,376-4,343+2,292-

1,463+……=11,430.

이 가정에 따라 분량이 같은 세 번째 책, 네 번째 책 등등의 작품에 같은 추론을 반복할 수 있다. 각각의 임의표본에 대해 새로운 단어 수를 계속 계산할 수 있다. 이전의 표본에서는 한 번도 등장하지 않았던 단어들이다. 그 단어의 수는 표본의 수가 늘어날수록 점점 작아진다. 계산이 충분히 많이 반복되고 나면 새롭게 등장할 단어는 하나도 없을 것이다. 그동안 셰익스피어가 알고 있는 단어는 모두 사용되었을 것이기 때문이다.

수학자 브래들리 에프론Bradley Efron과 로널드 티스테드Ronald Thisted는 이런 방법으로 두 번째 표본부터 마지막 표본 안에 약 3만 5,000개의 새로운 단어가 있으리라 예측했다. 이미 사용된 단어 3만 1,534개 이외에 셰익스피어는 자신의 작품에 쓰지 않은 단어 약 3만 5,000개를 더 알았을 것이다. 즉 그의 어휘는 6만 6,500개 단어를 충분히 넘었을 수 있다. 콘라트 아데나워Konrad Adenauer(서독 초대 총리)가 800개의 어휘를 갖고 있었던 것을 고려해본다면, 전혀 나쁘지 않다.

만약 위의 계산을 하는 데 필요한 조건이 무엇인지 물어본다면 다음과 같이 이야기해주고 싶다. 1985년 완전히 새로운 시가 등장했는데 셰익스피어의 작품일 것이라는 추측이 있었다.

그 시를 놓고 위의 방법을 검증했다. 위 이론에 따라 예측한 새 단어의 수는 그 시에 매우 정확하게 들어맞았다. 이 이론은 멋지게 검증되었다.

자료를 다루는 능력은 불가능하게 보이는 일을 가능하게 만들어준다. 눈으로 볼 수 없는 것을 계산할 수 있다는 것은 정말 놀라운 일이다. 수학에 깊이 감사한다.

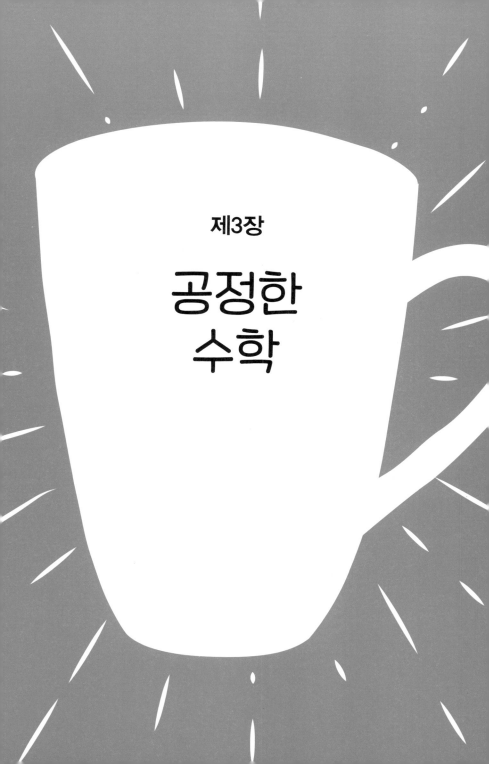

제3장

공정한
수학

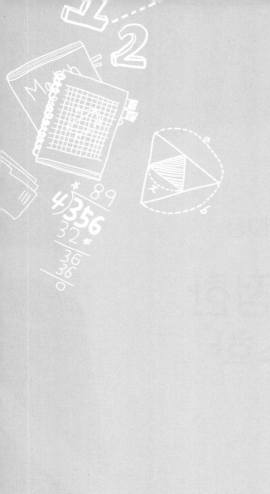

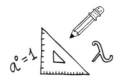

수학은 무엇을 선택할지 알려준다

축구 선수의 집단지성

승부차기는 축구 팬을 긴장하게 만든다. 수학적으로 보면, 승부차기는 두 사람의 제로섬게임이다. 제로섬게임에서는 이긴 사람과 진 사람의 합이 0이 된다. 슈터가 골을 넣는 것은 불가피하게 골키퍼의 패배를 의미하고 골을 넣지 못하면 골키퍼가 이긴다. 수학적으로 말하면 +1−1=0이라고 표현할 수 있다.

누가 승리자가 되느냐는 결정적으로 슈터가 골대의 어느 쪽에 골을 넣느냐, 그리고 골키퍼가 그쪽을 막아낼 수 있느냐에 달려 있다. 어떤 선수가 경험상 언제나 같은 쪽으로만 골을 넣는다면, 골키퍼는 공을 잡기가 훨씬 쉬워질 것이다. 슈터와 골키퍼에게 최적의 전략은 무엇일까?

그런 질문은 게임이론이라는 수학 영역에서 다루는데 이는 영화 〈뷰티풀 마인드A Beautiful Mind〉로 유명해진 수학자 존 내시John Nash가 집중적으로 연구한 분야다. 내시의 가장 유명한 논문은 오늘날 내시 균형이라고 이름 붙인 개념을 다루었고, 1950년 내시는 자신의 박사 논문에서 내시 균형의 존재를 수학적으로 증명했다. 바로 이 내시 균형으로 승부차기의 최적 전략도 기술할 수 있다.

슈터는 오른쪽, 왼쪽 또는 가운데로 슛을 한다. 골키퍼는 오른쪽 또는 왼쪽으로 몸을 날리든지 가운데에서 버티고 막는다. 실제 축구 경기에서 두 사람이 가운데를 선택하는 것은 흔치 않다. 이를 다음과 같이 간단하게 모델로 만들 수 있다. 슈터는 오른쪽 발이나 왼쪽 발로 공을 찬다. 오른발잡이 슈터가 공을 찬다면, 골키퍼 편에서 왼쪽으로 슛을 하는 것보다 오른쪽이나 가운데로 슛을 하는 것이 쉽다. 오른쪽과 가운데를 슈터에게 쉬운 쪽(L)으로 요약하자. 왼쪽은 슈터에게 어려운 쪽(S)이다.

슈터가 주로 왼쪽발로 골을 넣는다면, 쉬운 쪽과 어려운 쪽은 뒤바뀐다. 이제 슈터가 골을 넣을 확률 w는 슈터가 쉬운 쪽으로 숫을 하느냐 어려운 쪽으로 숫을 하느냐에 달려 있고, 골키퍼가 슈터가 선택한 방향으로 몸을 날리느냐는 더 큰 영향을 미친다.

여러 유럽 리그에서 있었던 총 1,417번의 승부차기를 자세하게 다룬 연구에 따르면 숫이 골대 안으로 들어갈 확률 $w(S, S)$는 58.3퍼센트, $w(L, L)$는 69.9퍼센트, $w(L, S)$는 92.9퍼센트, $w(S, L)$는 95.0퍼센트다. 그것은 다음과 같이 해석할 수 있다. 슈터가 자신에게 어려운 구석으로 숫을 하고 골키퍼가 같은 구석(S)으로 몸을 날린다면, 골이 들어갈 확률은 58.3퍼센트고 가장 낮은 확률이다. 그러면 최적의 전략은 무엇일까? 슈터는 어디로 공을 차야 할까? 골키퍼는 어느 쪽으로 뛰어야 할까?

슈터가 p 확률로 자신에게 쉬운 쪽으로 공을 차고 $1-p$ 확률로 어려운 쪽으로 공을 찬다면, 슈터가 전략 p를 선택했다고 하자. 그에 따라 골키퍼가 q 확률로 쉬운 구석으로 뛰고 $1-q$ 확률로 어려운 구석으로 뛴다면 전략 q를 선택했다고 하자.

당연히 슈터는 골이 들어갈 확률을 높게 만들고 싶어 하는 반면, 골키퍼는 그 확률을 최소한으로 만들고 싶어 한다. 내시는 이와 같은 많은 게임에서 내시 균형이 존재한다는 것을 증명했다. 즉, 골키퍼가 전략 q를 고수하는 한 슈터는 전략 p를 취할 때 가장 유리해지며, 반대로 슈터가 전략 p를 고수하는 한 골키퍼는 전략 q를 취할 때 가장 유리해지는 전략 p와 전략 q가 존재한다는 것이다.

즉 내시 균형은 두 사람이 이룰 수 있는 최적의 상태를 기술한다. 골이 들어갈 확률에 대해 61.5퍼센트인 p와 58.0퍼센트인 q의 전략에 내시 균형이 있다. 다시 말해서 평균적으로 슈터는 슛 찬스의 61.5퍼센트는 쉬운 쪽으로 공을 차고 골키퍼는 58.0퍼센트의 확률로 쉬운 쪽으로 몸을 날리는 것이 슈터에게도 골키퍼에게도 가장 유리하다는 것이다.

여기에서 깜짝 놀랄 만한 것은, 위에서 말한 연구에서 승부차기 1,417회를 세어보니 p는 실제로 60.0퍼센트고, q는 57.7퍼센트였다는 결과가 나왔다는 것이다. 즉 승부차기에서 슈터와 골키퍼는 각각 이론상 최적의 전략을 매우 정확하게 맞혔다. 이는 축구 선수가 집단지성을 가졌다는 것을 증명한다.

다윈의 진화론은 틀렸을까?

최근의 한 연구에 따르면 미국인의 90퍼센트가 다윈의 진화론을 믿지 않는다고 한다. 그 연구 결과를 보고 나는 진화론을 한번 수학적으로 생각해보아야겠다는 생각을 하게 되었다. 미리 말해두지만 나는 다윈의 이름에 먹칠을 하거나 창조론을 믿는 사람들에게 논거를 제시하겠다는 생각은 추호도 없었다. 그렇지만 나는 모순된 상황을 맞닥뜨리게 되었다.

이 이야기를 궁수 3명이 결투를 하는 상황으로 설명해보겠다. A는 언제나 실수 없이 명중시키는 궁수다. B는 명중률이 80퍼센트다. 즉 평균 10번 쏘면 8번 명중시킨다. C의 명중률은 50퍼센트다. 이 세 사람은 C의 실력이 가장 뒤떨어진다는 내 의견에 분명히 동의한다.

매번 한 사람만 활을 쏠 수 있고, 활을 쏘는 사람은 제비뽑기로 결정된다. 운이 좋다면 여러 번 연속해서 활을 쏠 수도 있다. 궁수는 목표를 자유롭게 선택할 수 있다. 마지막 한 사람이 남을 때까지 결투는 계속된다.

한번 이런 가정을 해보자. 각 궁수가 언제나 가장 약한 상대를 목표로 정하는 것이다. 즉 A와 B는 매번 C를 쏘고 C는 매번 B를 쏜다. 이것이 '최약자 선택 전략'이다. 이 경우 확률론에 따라 계산하면 A, B, C의 생존 확률은 각각 58퍼센트, 35퍼센트, 7퍼센트다. A가 생존할 확률이 가장 높고 C의 생존 확률은 C를 참담하게 만든다. 하나도 놀랍지 않다!

그래서 C는 곰곰이 생각에 잠긴다. C는 A와 B가 남아 있다면 더는 B를 쏘지 않고 A를 쏘기로 한다. 다른 조건은 모두 변하지 않고 그대로인 경우라면 C의 결정으로 A, B, C의 생존 확률은 43퍼센트, 48퍼센트, 9퍼센트로 달라진다. 즉 C는 자신의 생존 기회를 조금 향상시킬 수 있다.

약한 자가 살아남는 이유

그런데 여기에 놀랄만한 점이 있다. 이제 가장 생존 확률이 높은 사람은 가장 뛰어난 궁수 A가 아니라 B다. 그리고 이것이 다가 아니다. B 역시 C를 본보기로 삼아 이제 C가 아닌 A를 쏘기로 한다. C가 살아남아 계속 활을 쏠 수 있어야 자신이 A보다 유리해지기 때문이다. 그러면 B도 생존 확률을 48퍼센트에서 54퍼센트로 높일 수 있다. A와 C의 생존 확률은 각각 24퍼센트와 22퍼센트로 B보다 낮다.

A와 C도 이것을 예상할 수 있다. 백발백중 궁수 A 역시 자신의 전략을 수정하려고 할 것이다. A는 이제 C가 아닌 B를 목표로 정한다. 이제 각 궁수는 가장 강한 상대를 목표물로 삼는 '최강자 선택 전략'을 사용한다.

그러면 A는 다시 생존 확률을 주도하는 위치에 서게 될까? 아니다! A와 B와 C의 생존 확률은 각각 29퍼센트, 35퍼센트, 36퍼센트다.

이는 실력에 대한 우리의 직관과 모순된다. 이 결과를 찬찬히 곱씹어 생각해보아야 한다. 월등하게 실력이 좋은, 그야말로 한 치의 오차도 없는 궁수 A는 생존경쟁에서 살아남을 확률이 가장 낮다. 그것만이 아니다. 가장 실력이 뒤처지는 궁수 C가 우승자가 될 확률이 가장 높다.

게다가 '최강자 선택 전략'이 모든 참가자의 입장에서 가장 합리적인 행동 방식이다. 이 전략을 거부하면 누구도 생존 확률을 높일 수 없다. 수학자들은 이를 내시 균형으로 설명한다. 이런 전략에 따르면 정말 불합리하게도 가장 실력이 뛰어난 자보다 오히려 가장 약한 자가 생존하는 방향으로 진화할 가능성이 높다. 이렇게 우리는 강자의 월등한 능력도 많은 상황에서 현저한 약점이 될 수 있으며, 어떻게 강점이 약점이 될 수 있는지를 이해하게 되었다.

선거의 역설

매일같이 온 세상에 수도 없이 선거가 행해진다. 앞으로 일할 반장이나 대통령을 거수나 투표로 결정한다. 어떻게 하면 선거를 공정하게 진행할 수 있을까?

선거는 서로 선호도가 다른 그룹 사이에 이익이 공정하게 분배되는 것을 보장해야 한다. 그런데 이상한 일이 너무 많다. 예를 들어, 가장 많은 표를 받는 사람이 선출된다고 하자. 다음과 같은 시나리오가 벌어질 것이다. 후보 A, B, C가 선거에 출마했다. 투표권을 가진 사람은 15명이다. 그중 세 명은 B보다 A를, C보다 B를 선호한다. 그러면 그 순서를 ABC라고 쓸 수 있다. 이 선호도 순서를 다음 표의 첫째 줄에 적었다. 그 아래에는 나머지 투표권자들의 선호도를 적었다.

투표권자의 수	선호도 순서
3	ABC
5	BCA
2	CAB
5	CBA

이 선거는 2차에 걸쳐 진행된다. '결선투표에서 최고 득표자를 당선인으로 결정한다'는 선거 법령이 있다. 이 선거 시스템은 프랑스 대통령 선거에 도입되었고, 많은 독일 주에서 시장 선거에 사용하고 있다.

투표자들은 각각 한 명의 후보에게 표를 던진다. 1차 투표에서는 가장 적은 표를 받은 사람이 탈락한다. 이어진 결선투표에서 남은 두 후보 중 당선자가 결정된다. 1차 투표에서 A, B, C는 각각 3표, 5표, 2+5=7표를 받았다. 그에 따라서 A가 탈락했다. 선호도 순서가 ABC인 투표자들은 A가 탈락하면 결선투표에서 선호도 리스트의 다음 순위를 차지하는 B를 지지할 것이다. 그러면 2차 선거 과정에서 B와 C는 각각 3+5=8표, 2+5=7표를 얻어 B가 당선된다.

지지자가 늘어난다면 A는 틀림없이 반길 것이다. 그렇다면 ABC순으로 선호하는 투표권자에게 선호도가 같은 쌍둥이가 있다면 어떻게 될까? 전체 순위에 상당한 영향을 미칠까? 반드시 그렇지는 않다! ABC순으로 선호하는 세 투표권자의 쌍둥이를 곁에 놓는다고 하자. 그러면 이제 투표권자는 15명이 아니라 18명이 되고 표는 다음과 같이 달라진다.

투표권자의 수	선호도 순서
6	ABC
5	BCA
2	CAB
5	CBA

어떤 일이 벌어질까? 이제 1차 투표에서 A, B, C는 각각 6표, 5표, 2+5=7표를 얻는다. B가 탈락한다. A와 C를 후보로 한 결선투표에서는 A가 6표, C가 12표를 얻는다. C가 당선한다.

그러므로 A는 자신을 가장 지지하는 (그리고 C를 가장 형편없는 후보로 여기는) 세 쌍둥이가 추가되었기 때문에 2배의 지지를 받게 되지만, 그 지지는 하필이면 A의 지지자가 가장 선호하지 않는 C가 당선되는 데 영향을 주었다. 이것이 선거제도에서 쌍둥이 역설이다. 자신이 선호하는 후보에게 추가적인 지지를 해주고도 결국 제일 못마땅한 후보가 승리하는 데 도움을 주는 일이 벌어질 수 있다.

이것은 선거제도의 많은 모순 중 하나에 불과하다. 앞으로도 가끔 선거에 대해 이야기하겠다. 그러면 다시는 선거와 선거제도를 예전처럼 생각하지 못하게 될 것이다. 독자들은 아마도 이상적인 민주주의가 도대체 가능한 것인지 회의를 느끼게 될 것이다.

수학에 비밀이 있다

어려운 일을 하라

"지금 어려워 보이는 것이 쉬운 것이었다"라고 희극작가 카를 발렌틴Karl Valentin이 말한 적이 있다. '어려운 것이 결국 쉬운 것'이라고 한다면 무슨 말인지 어리둥절할 것이다. 이 말은 모순으로 들리지만, 때로는 어려운 삶이 훨씬 쉬울 수 있다. 내 경우를 예로 들면, 생수 6개 한 묶음을 나르는 것보다 두 묶음을 나르는 것이 쉽다. 양손에 들면 균형이 맞춰지기 때문이다. 다음은 수학 문제다. 어려운 과제를 하는 것이 유익하다는 것이 증명된다. 아버지가 아들에게 말한다. "만약 네가 나와 엄마를 번갈아 상대하며 체스를 두고 3판 중 2판을 연속으로 이긴다면, 용돈을 올려주겠다."

평균적으로 아들이 어머니를 상대로 10판 중 6판을 이기고 아버지를 상대로 10판 중 5판을 이긴다고 가정하자. 아들은 아버지-어머니-아버지의 순서로 대결해야 할지, 아니면 어머니-아버지-어머니 순서로 대결할지 고심한다. 육감으로는 더 약한 상대, 즉 어머니와 2번 겨루는 것이 유리할 것 같다. 그래서 어머니-아버지-어머니의 순서로 결정한다.

이런 순서로 100번 게임을 한다고 생각해보자. 아들은 첫판에서 어머니를 상대로 60번을 이길 것이고 그 60번 중 30번은 아버지를 상대로 이길 것이다. 여기에서 일단 이미 30번은 자신에게 유리하다.

100번 중 40번은 어머니를 상대로 한 첫 번째 판에서 질 것이다. 이 40번 중에서 20번은 아버지를 상대로 이긴 다음 그중 12번을 어머니와의 두 번째 대결에서 이긴다. 전부 합쳐서 계산하면 100번 게임할 때 30+12=42번이 아들에게 유리하다.

이제 아들에게 어려운 상황을 생각해보자. 아들이 아버지를 상대로 2번 게임을 하는 경우다. 아들은 아버지를 상대로 첫 번째 판을 둘 때 평균 100번 중 50번을 이길 것이다. 그리고 이

50번 중에서 다음 판에 어머니와 대결해 30번을 이긴다. 30번이 아들에게 유리하다.

하지만 아버지를 상대로 한 첫판에서 50번은 이기지 못한다. 이 50번 중에서 어머니를 상대로 30번을 이기고 그다음 그 30번 중 반, 즉 15번은 아버지를 상대로 이긴다. 결과적으로 100번의 게임을 진행하면 30+15=45번 용돈을 올릴 수 있다.

이렇듯 아버지-어머니-아버지 순서가 아들에게 더 유리하다. 그러므로 쉬운 것이 어려운 것보다 언제나 더 쉽지는 않다. 강한 상대가 내게 더 유리할 수도 있다. 아들이 아버지를 상대로 할 때보다 어머니를 상대로 할 때 이길 확률이 높다면 어느 경우든지 같은 결과가 나온다. 이 결과를 돌아보면 당연히 다음과 같이 생각하게 될 것이다. 아들은 어떤 경우든지 두 번째 판을 중심으로 결정해야 한다(연거푸 이겨야 한다는 조건 때문에, 두 번째 판은 무조건 이겨야 하기 때문이다). 두 번째 판에서 어머니를 상대로 게임을 한다면 더 쉬운 승부가 된다.

간단한 것은 공정하지 않다

축구 경기에서 120분 동안 경기를 하고, 즉 정규 시간에 연장전까지 하고난 후에도 승패가 결정 나지 않으면 승부차기를 한다. FIFA 규정에 따르면, 동전을 던져서 이기는 사람이 자기 팀이 먼저 승부차기를 할지, 나중에 할지 선택할 수 있다고 한다. 그다음 교대로 5번씩 승부차기를 한다. 5번 승부차기를 하고도 승부가 여전히 결정되지 않으면, 한 팀이 한 골이라도 더 넣을 때까지 같은 순서에 따라 승부차기를 계속한다.

이런 방식이 공정할까? 절대로 아니다! 원인은 순서에 있다. 통계에 따르면 먼저 승부차기를 하는 팀이 이길 확률이 60퍼센트라고 한다. 먼저 승부차기를 하는 팀 X는 매번 상대 팀 Y보다 유리하다. FIFA의 승부차기 순서 XY, XY, XY, XY, XY에 따라 각 쌍마다 팀 X가 먼저 슛을 쏘고, 통상적으로(통계적인 방법에 따라 75퍼센트의 확률로) 골을 넣으면 다음 팀 Y는 동점을 만들어야 한다는 압박감을 느끼게 된다. 이런 심리적인 영향 때문에 Y팀 선수들이 골을 넣을 확률은 매번 평균 4퍼센트씩 줄어든다. 이 확률은 5차례 승부차기를 하는 동안 쌓여서 앞에서 언급한 20퍼센트의 불리함이 생긴다. 즉 60:40이 된다. 그 불공정성은 승부차기를 할 때마다 점점 더 심해진다.

다음과 같은 방법으로 약간의 시정이 가능하다. 첫 번째 쌍 XY가 승부차기를 한 이후에 공정성을 고려해 승부차기 순서를 바꾸는 것이다. 처음 4번은 XY, YX 순서로 승부차기가 진행되어야 한다. 그럼 다섯 번째는 어떻게 해야 할까? 다음 승부차기를 하는 쌍은 XY로 다시 시작하는 것이 가장 공정하다고 생각할 수 있다. 하지만 그것은 짧은 생각이다.

단순히 번갈아 하지 말고 번갈아 하는 순서를 바꾸지도 말라는 말이 전해 내려온다. 대신 번갈아 하는 순서를 바꾸면서 계속해서 그 순서 전체를 다시 바꾸는 것, 이것이 문제를 단번에 해결해준다. 즉 앞에서 설명한 순서 XY, YX가 여전히 한 팀에게 유리하다면, 지금까지의 전체 순서를 다시 바꾸되, 서로 차례를 바꾸어 순서를 정한다면 승부차기의 불공정성이 가장 잘 상쇄될 것이다. 다시 말해서, X를 Y로 대체하고 Y는 X로 대체하는 것이다. 결과적으로 XY, YX, YX, XY가 만들어진다. 이렇게 8번의 승부차기 순서가 결정된다. 앞에 쓴 순서에서 철자를 서로 바꾸어가며 차례를 바꾼 전체 순서를 이어가보자. 그럼 XY, YX, YX, XY, YX, XY, XY, YX가 된다.

이렇게 순서를 정할 때 X팀 또는 Y팀이 유리한지 살펴보자. 사실은 어느 팀도 유리하지 않다. 양 팀이 각각 4번 먼저 공을 차게 되어서만이 아니다. 먼저 승부차기를 하기 위해 간단하게 (간단하면 불공정해진다) 차례가 바뀌는 것이 아니라, 차례를 바꾸는 순서도 계속 바뀌기 때문이다. 앞의 순서는 10번 승부차기를 하는 경우에는 중간에 끊어진다. 하지만 8번 승부차기를 하는 경우에는 양 팀에 완전한 공정성이 보장된다.

이것이 수학적인 시각에서 공정하게 승부차기를 할 수 있는 순서다. 위의 해결 방법에 따라 각 팀이 8번 승부차기를 해야 한다. 이 방법은 이미 스페인 경제학자 이그나시오 팔라시오스우에르타Ignacio Palacios-Huerta도 추천했다. 너무 복잡하게 보이는가? 내 생각에는 누구나 쉽게 익숙해질 방법인 것 같다.

수학자들은 위에서 설명한 원칙에 따라 무한히 나아갈 수 있는 수열, 예컨대 투에-모스 수열을 알고 있다. 투에-모스 수열은 수학자 악셀 투에Axel Thue와 마스턴 모스Marston Morse의 이름을 딴 것이다. 피보나치 수열과 더불어 투에-모스 수열은 수학에서 가장 유명한 수열 중 하나다. 투에-모스 수열은 대수학에서 정수론까지, 카오스부터 음악을 넘어 체스에까지 응용되면서 거듭 등장한다.

투에-모스 수열이 그렇게 다양하게 쓰이는 이유는 이 수열의 중요한 특징 때문이다. 투에-모스 수열에는 통계적 자기유사성이 있다. 앞의 수열에서 쌍마다 두 번째 철자를 지우면, 남는 것은 정확하게 다시 투에-모스 수열이다. 이것만 보더라도 완전한 균형을 이루는 특징이 두드러진다. 우리는 앞으로 수열의 매

력적인 특징들과 그 수열이 어떻게 이용되고 있는지 알아보게
될 것이다.

공정하게 순서 정하는 법

무엇을 할 때 교대로 순서를 바꾸는 것은 일을 균형 있게 진
행하기 위한 기본 과정이다. 참가자 2명이 무엇인가를 반복해
서 하기를 원하거나, 갖고 싶어 하거나, 선택해야 한다면, 또는
무언가를 2명이 동시에 하거나, 갖거나, 선택하는 것이 불가능
하다면, 사람들은 대부분 교대로 순서를 정한다. 그 원리는 공
정성을 위해 호랑이가 담배 먹던 시절부터 사용했다. 제일 먼저
그것을 생각해냈던 사람은 후세에 전해지지 않고 태고의 어둠
속으로 사라졌다.

왜 이제까지 아무도 문제 삼지 않았던 것을 수학의 힘을 빌려
흔들려고 하는가? 교대로 순서를 바꾸는 것은 대체로 공정하지
않기 때문이다. 앞에서 승부차기할 때 투에-모스 수열을 이용
하는 것이 더 공정하다는 것을 보여주었다. 단순하게 번갈아 차
거나 번갈아 차는 순서를 바꾸는 데 머물러서는 안 된다. 그보
다는 번갈아 차는 순서를 바꾸면서 다시 순서 전체를 계속 바꾸
어야 한다. 이것은 이런저런 상황에 적용된다.

다음과 같이 상상해보자. 두 사람이 있는데 일단 0과 1이라고 부르자. 두 사람은 100그램, 200그램, 300그램……800그램의 케이크 조각 8개를 교대로 나누려고 한다. 누가 먼저 케이크 조각을 가져갈 것인지는 제비뽑기로 결정한다. 0이 이겼다고 하자. 그러면 정확하게 너 하나 나 하나 하며 나누어 갖는다. 01, 01, 01, 01 순으로 각자 남아 있는 조각 중에서 제일 큰 조각을 집는다면, 결국 0은 800그램+600그램+400그램+200그램=2,000그램의 케이크를 갖게 되고 1은 700그램+500그램+300그램+100그램=1,600그램만 갖게 된다. 제일 먼저 케이크를 고른 사람은 4번의 기회에서 매회 두 번째로 고른 사람보다 100그램씩 더 무거운 조각을 얻을 수 있다. 정말 불공평하다! 투에-모스 수열에 따라 01, 10, 10, 01의 순서로 고른다면, 두 사람은 똑같은 양을 얻는다.

투에-모스 수열은 여러 가지 경우에 응용되며, 매우 멋진 특징이 있다. 예를 들면 자기유사성이다. 자기유사성이란 내가(첫 번째가 1로 시작하는 경우) 각 두 번째 숫자를 삭제하면, 다시 수열 자신이 되는 것이다. 0으로 시작해서 단계적으로 각 0은 01로, 각 1은 10으로 대체해가며 계속해서 투에-모스 수열을 만들 수 있다. 그러면 무한히 나아가는 수열이 생긴다.

0

01

01 10

01 10 10 01

01 10 10 01 10 01 01 10

......

자기유사성은 프랙털의 특징이다. 프랙털은 자신과 똑같은 모양으로 자신을 작게 나누어놓은 부분들로 구성된 사물이나 구조다. 프랙털은 투에-모스 수열을 그림으로 나타내면 쉽게 볼 수 있다. 첫 상황은 곧은 막대기 하나다. 그것을 K(0)이라고 부르자. 자연수 n에 대해 K(n)에서 도형 K(n+1)이 생긴다. 도형 K(n+1)은 각 막대마다 중앙의 3분의 1 부분이 길이가 같은 두 변으로 나뉘어 위쪽으로 삼각 모양을 만든 것이다. 이런 과정이 무한히 계속되면, 이른바 코흐 곡선이 생긴다.

다음은 코흐 곡선을 만드는 방법을 보여주는 그림이다. 다음의 선 K(0), K(1), K(2), K(3)들은 코흐 곡선을 만들어가고 있다.

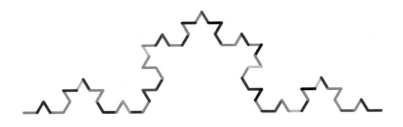

이 그림이 투에-모스 수열과 무슨 관련이 있을까? 아주 간단하다. 처음에는 짧고 곧은 선 하나로 시작해서 투에-모스 수열을 한 숫자 한 숫자 완성해나간다. 연이어 나온 두 수가 같지 않을 경우 왼쪽으로 120도 꺾고, 두 수가 같을 경우 오른쪽으로 60도 꺾는다. 그러면 그림과 같은 K(n)이 만들어진다.

축구의 승부차기, 테니스의 타이브레이크 등 많은 경우를 위해 투에-모스 수열의 공정성을 홍보하자는 것은 전혀 나쁘지 않은 슬로건인 것 같다. 타이브레이크는 융통성 없이 교대로 차례를 바꾸었던 것이 이미 어느 정도 고쳐졌다. 01, 10, 01, 10,

01……패턴으로 달라졌다. 이 방식은 조금은 투에-모스 수열에 가까운 것 같지만, 아직 충분하지는 않다. 다시 말해서, 번갈아 차례를 바꾸는 것은 예전에나 하던 일이다. 오늘날은 투에-모스 수열로 균형을 이루고 있다.

각자 원하는 것을 얻는 법

앞서 설명한 대로, 공정성 공식은 거의 100년 전부터 알려진 수학적 배열, 투에-모스 수열에 근거한다. 이번에는 단순한 교대가 최적의 방법이 아닌 것으로 밝혀진 다른 상황을 소개하려고 한다. 이번에는 상황을 일목요연하게 볼 수 있도록 사물을 8개로 제한할 것이다. 서로 다른 맛이 나는 알록달록한 사탕 8개를 안네와 버트에게 나누어준다고 하자.

우선 안네와 버트는 각각 어떤 사탕이 먹고 싶은지에 따라 사탕 8개의 순위 목록을 만들었다. 안네는 목록에 있는 사탕에 12345678로 번호를 매겼다. 여기에서 1번 사탕은 안네에게 제일 중요하고 가장 먹어보고 싶은 것이다. 안네가 매긴 번호를 그대로 사용한다면 버트의 순위는 17263485가 된다. 안네와 버트가 가장 좋아하는 사탕은 1번 사탕이다.

안네와 버트는 서로의 목록은 알지 못한다. 사탕의 배열을 간단하게 표현하기 위해 안네의 목록에 숫자를 대응시킨 것뿐이다. 우선, 안네와 버트가 각각 사탕을 하나씩 고르는데 서로 교대로 고르기로 했다고 가정하자. 그런데 안네가 운이 좋아서 제비뽑기에서 이겼다. 안네가 먼저 사탕을 선택한다.

각자 상대방의 순위를 알지 못하기 때문에, 전략적인 선택을 위해 처음에 어떻게 시작해야 한다는 원칙은 없다. 그래서 자기 차례가 될 때마다 자신의 목록을 보고 남아 있는 사탕 중 가장 높은 순위에 있는 것을 고르는 것이 최선이다. 따라서 안네는 1번 사탕을 골랐다. 버트는 7번 사탕을 골랐다. 그러면 아직 2번, 3번, 4번, 5번, 6번, 8번 사탕이 남아 있다. 안네가 2번을 고르고 버트는 6번을 골랐다. 이제 3번, 4번, 5번, 8번 사탕이 남았다. 안네는 3번을, 버트는 4번을 가져갔다. 아직 5번과 8번이 남아 있다. 그중에서 안네는 5번을 버트는 8번을 집어 들었다.

결국 안네는 자신의 목록에서 1위, 2위, 3위, 5위 사탕을 얻었다. 버트는 자신의 순위 목록에서 2위, 4위, 6위, 7위 사탕밖에 얻지 못했다. 각각을 쌍으로 만들어 비교해본다면, 버트는 모든 경우에서 더 하위에 있는 사탕을 얻었다. 이것이 공정한가? 아니다. 이번에도 이유는 사탕 고르는 순서에 있다. 단순히 교대로 사탕을 고르는 것은 언제나 두 번째로 선택하는 사람에게 불리하다. 점점 작아지는 파이 조각을 고르는 예를 생각해보면 분명히 이해된다. 차례가 돌아올 때마다 먼저 파이를 고르는 사람이 다른 사람보다 큰 조각을 얻을 수 있다. 그렇게 계속 교대로 선택하게 되면 불공정하게도 같은 사람이 항상 더 큰 조각을 얻게 된다. 하지만 반드시 그래야 할 필요는 없다.

다시 투에-모스 수열로 돌아와 생각해보자. A, B, B, A, B, A, A, B. 안네는 제비뽑기 덕분에 먼저 사탕을 고르고, 그다음 버트 2번, 안네 1번, 버트 1번, 안네 2번 사탕을 고른다. 마지막으로 버트가 마지막 사탕을 갖는다. 그러면 안네는 1위, 3위, 4위, 5위 사탕을 받고, 버트는 자신의 목록에 따라 2위, 3위, 4위, 7위 사탕을 받는다. 이것이 훨씬 공정하다. 다시 한 번 강조하건대, 결론적으로 단순하게 '너 하나 나 하나'라는 식의 순서 바꾸기는 그만두어야 한다. 공정한 순서를 위해 투에-모스 수열 만세!

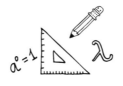

공평하게 나누는 방법

세계 평화보다 어려운 이혼

살다 보면 무언가를 공정하게 나누어야 하는 상황을 만나게 된다. 연립정부 시대에는 장관직을 잘 나누어야 하고, 이혼하는 과정에서는 소유물을 잘 나누어야 한다.

두 사람 사이에 가장 단순한 규칙은 당연히 한 사람이 절반으로 나누고, 다른 한 사람이 그중에서 무엇을 가질지 먼저 선택하는 것이다. 물론 나눌 수 없는 물건을 나누어야 한다거나 두 명 이상이 관여된 경우라면, 이런 단순한 방식은 아무 소용이 없다.

공정한 분배란, 각자 같은 양을 받는다는 것을 뜻하지 않는다. 그보다 훨씬 주관적인 평가가 포함되어야 한다. 누군가에게는 집이 별로 중요하지 않고, 할머니의 도자기가 훨씬 큰 의미가 있을 수 있다. 그와 같이 어려운 분배 문제를 해결하기 위해 게임이론 전문가 스티븐 J. 브람스Steven J. Brams와 앨런 D. 테일러Alan D. Taylor는 공정성 공식을 개발했다.

예를 들어 마이어 씨 부부가 이혼한다고 하자. 우선 논쟁의 여지가 있는 전체 물건의 목록을 만든다. 그런 다음 두 사람은 각각의 물건이 자신에게 얼마만큼의 가치가 있는지를 점수로 매긴다. 각각 자신이 부여한 점수의 합이 100점이 되도록 한다.

	마이어 씨	마이어 부인
집	50	30
별장	10	10
보석	20	40
주식	15	10
기타 등등	5	10

우선 각자 상대방보다 많은 점수를 준 물건을 가져간다. 즉 마이어 씨는 집과 주식을, 마이어 부인은 보석과 기타 등등에 해당하는 것을 받는다. 그러면 마이어 씨는 자신이 준 점수에서 50+15=65점을 얻고, 마이어 부인은 자신이 준 점수에서 40+10=50점을 얻는다.

마이어 부인의 점수가 뒤져 있기 때문에, 양쪽이 똑같은 점수를 주었던 사물을 모두 마이어 부인이 가져간다. 여기에서는 별장밖에 없다. 그렇게 되면 마이어 부인의 잔고는 40+10+10=60점이 된다.

이제 주관적인 점수가 똑같아지기 위해서는 물건을 다시 나누어 가져야 한다. 마이어 씨는 자신이 가진 것 중에서 무언가를 넘겨주어야 한다. 여기에서는 어떤 순서로 자신의 물건을 주는지가 중요하다. 물건의 순서는 각자 자신이 정한 주관적인 가치에 따라 결정된다. 그 비율은 다음과 같이 나타낸다.

한 물건에 대한 마이어 씨의 점수/마이어 부인의 점수

예를 들어 집은 이 비율이 50/30=1.67, 주식은 15/10=1.5다. 그럼 분수값이 작은(주관적 가치의 비율 차이가 적은) 물건을 나누기로 한다. 이 경우에는 주식이다. 그들의 가치 평가는 다른 기혼자들과 별로 큰 차이가 없다. 이제 집은 마이어 씨가 소유하기로 하고 주식은 분배되어야 한다. 그래서 어느 정도의 지분 p가 마이어 부인에게 양도된다. 그런 다음 마이어 씨에게는 그 나머지, 즉 1-p가 남는다.

따라서 마이어 부인의 주관적인 점수는 60+10p로 올라간다. 마이어 씨의 점수는 자신의 척도에 따라 50+15(1-p)가 된다. 두 점수는 같아야 한다. 60+10p=50+15(1-p)라는 방정식을 풀어보면, p값은 1/5이 나온다. 즉 20퍼센트다.

두 사람의 점수가 똑같아지기 위해 마이어 부인은 전체 주식의 20퍼센트를 받고 마이어 씨는 80퍼센트를 받는다. 마이어 부인은 자신의 척도에 따라 총점 40+10+10+10×1/5=62점을 얻고, 마이어 씨 역시 자신의 척도에 따라 50+15×4/5=62점을 얻는다.

이런 과정에서 통상적으로 소송 대상이 되는 전체 물건에서 각자 '자신이 느끼기에' 3분의 2 정도를 받는다. 수학은 격렬한 이혼 갈등을 피할 수 있게 해준다. 그래서 이 글은 세계 평화에 기여하고 있다고 볼 수 있다. 이밖에 다른 어떤 재미있는 것에 응용해볼 수 있을까?

게임이론과 채무변제

수십억 달러의 채무를 협상하는 중책을 맡아 재무장관으로 취임하고 얼마 지나지 않아 사임했던 그리스 전前 재무부 장관 야니스 바루파키스Yanis Varoufakis는 원래 대학에서 수학을 공부하고 게임이론을 전공한 경제학 교수였다. 게임이론은 수학적으로 흥미로운 채무이행 과정을 담고 있다. 그 과정에는 상당한 위험이 내포되어 있는데, 구체적으로 말해서 잘못하면 엄청나게 심각한 빚더미에 앉게 될 수도 있다. 하지만 운이 좋으면 빚을 완전히 탕감받을 수 있다.

안네가 버트에게 20센트를 빌렸다고 가정하자. 안네는 버트에게 이 돈을 걸고 내기를 할 것을 제안했다. 안네가 이기면 자신의 빚을 모두 탕감받는다. 안네가 진다면, 빚은 2배로 늘어난다. 실제로는 안네의 빚이 20센트가 아니라 200유로일 수도 있다. 이때 1유로 동전은 1,000유로가 되는 셈이다. 현 상태의 빚을 모두 S라고 표시하자. 이 예에서는 S가 20센트로 시작한다.

안네는 1유로짜리 동전 하나를 가지고 있었고 채무를 탕감받기 위해 다음과 같은 게임을 버트에게 제안했다. 그 1유로로 도박이 시작된다. 그 돈은 안네와 버트 사이에서 이리저리 오가다 결국에는 한 사람이 갖게 된다. 누가 그 사람이 될지는 그 동전이 결정한다. 동전을 던져 먼저 앞면이 나오는 사람이 돈을 갖는 것이다. 이 게임은 단 두 단계로 이루어진다. 하지만 이 게임을 여러 차례 해야 할 수도 있다. 처음으로 동전의 앞면이 나올 때까지 어느 쪽도 그만두지 않으면 게임이 계속되기 때문이다.

1단계 1유로 동전을 가진 사람의 현재 채무 S가 동전의 1/2보다 작거나 같은지 확인한다(처음에는 채무가 동전의 1/2보다 작다. 이미 언급했듯 S가 20센트이기 때문이다. 하지만 채무는 게임이 진행되는 동안 달라질 수 있다. 2단계에서 바로 알게 될 것이다). S가 1/2을 넘지 않는다면, 동전은 갖고 있던 사람이 계속 보유한다. 그 사람은 다시 동전을 던질 수 있다. 현재 채무가 1유로의 1/2보다 크다면, 1유로의 소유자는 바뀌고 동전을 새롭게 갖게 된 사람은 이전에 갖고 있던 사람에게 1-S유로의 빚이 생긴다(동전을 넘겨준 사람이 80센트 빚지고 있었다면, 동전을 넘겨받는 쪽이 오히려 20센트를 빚지게 된다). 1-S의 최대치는 다시 동전의 1/2이 된다. 현재의 채무 총액이 1/2보다 크지 않다는 것이 확실해졌다. 하지만 채무자는 게임이 진행되는 과정에서 뒤바뀔 수 있다.

2단계 지금 1유로 동전을 갖고 있는 사람이 동전을 던져야 한다. 운이 좋으면 앞면이 나온다. 그러면 1유로를 가질 수 있다. 채무를 탕감받고 게임은 끝이 난다. 운이 없으면 뒷면이 나올 것이다. 그러면 빚은 2배가 되고 게임은 다시 1단계부터 시작한다. 앞면이 나올 때까지 게임은 계속된다.

예로 돌아가서, 맨 처음 S가 0.2고 안네가 동전을 던져 앞면이 나온다면, 운 좋게 빚을 탕감받을 수 있다. 반대로 뒷면이 나온다면, 빚은 2배가 되어 S가 0.4가 된다. 이 S값이 아직 1/2보다 작기 때문에, 1유로 동전을 가진 사람은 바뀌지 않고, 안네가 다시 동전을 던질 수 있다. 동전의 앞면이 나오면 빚은 사라지고, 뒷면이 나오면 빚은 두 배가 되어 S는 0.8이 된다. 이 값은 1/2보다 크다. 그러면 버트가 동전을 갖게 된다. 하지만 버트는 이제 S=1-0.8=0.2유로를 안네에게 빚지게 된다. 이제 버트가 동전을 던져 앞면이 나오면 그 동전을 계속 보유할 수 있고 빚이 사라진다. 뒷면이 나온다면 빚은 2배가 될 것이다. 이 게임이 공정한가? 버트가 안네에게 맨 처음 빌려준 채무액 S(0.2유로)를 돌려받을 수 있을까?

먼저 안네가 빚을 탕감받을 수 있는 경우를 생각해보자. 안네가 동전을 두 번 던져 모두 뒷면이 나오면 버트는 동전을 넘겨받아 던질 기회를 얻으므로, 두 번 중 한 번은 앞면이 나와야 빚을 탕감받고 게임을 끝낼 수 있다. 처음 던졌을 때 앞면이 나올 확률은 1/2이고 처음에 뒷면이 나오고 두 번째에 앞면이 나올 확률은 1/4이므로, 이를 더하면 안네가 빚을 탕감받을 확률은 3/4이다. 그러나 모두 뒷면이 나와 버트에게 동전을 넘기게 된다면, 버트가 두 번 던져 모두 뒷면이 나와야만 다시 동전을 넘겨받아 빚을 탕감받을 기회가 생긴다(만일 버트가 던졌을 때 앞면이 나와 게임이 끝나고 버트가 동전을 가지게 된다면, 애초의 빚 20센트에 더해 80센트의 손해를 보는 셈이다).

이 확률은 안네가 두 번 모두 뒷면이 나올 확률 1/4과 버트가 두 번 모두 뒷면이 나올 확률 1/4을 곱한 1/16이다. 동전을 넘겨받아 게임을 끝낼 확률은 3/4이므로, 이를 곱한 3/64가 두 번째 기회에 빚을 탕감받을 확률이 된다. 마찬가지로 두 번째 기회도 놓치고 버트에게 동전을 넘겼다가 세 번째 기회에 게임을 끝낼 확률은 $3/4^5$이 된다. 이런 식으로 안네가 빚을 탕감받을 수 있는 모든 경우의 확률을 더하면, 초항이 3/4이고 공비가 1/16인 무한등비수열의 합이므로 4/5다. 따라서 버트가 빚을 돌려받을 확률은 1/5이다.

이를 버트의 입장에서 다시 계산해보아도 답은 같다. 버트가 빚을 돌려받으려면 일단 안네에게 동전을 넘겨받아야 하므로 안네가 두 번 던져 모두 뒷면이 나와야 한다. 그 확률은 1/4이고 이때 버트가 게임을 끝낼 확률은 3/4이므로 버트가 첫 번째 기회에 빚을 돌려받을 확률은 3/16이다. 만일 버트도 모두 뒷면이 나오는 바람에 안네에게 동전을 넘겨야 한다면, 두 번째 기회를 얻을 확률은 1/64이 된다. 위와 같은 방식으로 버트가 빚을 돌려받을 수 있는 모든 확률을 더하면, 초항이 3/16이고 공비가 1/16인 무한등비수열의 합이므로 1/5이 된다.

이제 설명은 거의 끝났다. 버트는 안네의 1유로 동전을 갖게 되거나 아무것도 받지 못하게 된다. 버트는 1/5의 확률로 1유로를 얻을 수 있다. 따라서 안네가 이 게임에서 버트에게 지불해야 할 채무액의 기댓값은 $1 \times (1/5) + 0 \times (4/5) = 0.2$유로다. 이것은 바로 안네가 버트에게 맨 처음 빌렸던 금액이다. 안네의 입장에서 계산해도 답은 같다. 안네는 빚을 탕감받거나 1유로를 넘겨주게 되므로, 기댓값은 역시 -0.2유로로 애초의 빚이 고스란히 남게 된다.

평균적으로 안네가 빚을 탕감받기 위해 제안한 이 게임은 빚을 탕감받기는커녕 80센트의 손해가 더해질 위험을 내포한 도박이지만 공정하기는 하다. 하지만 이 게임이 그리스 채무 문제의 해결책으로 적당한 방법이 될 수 있는지는, 감히 말하건대 의심하지 않을 수 없다.

제4장

신기한
계산법

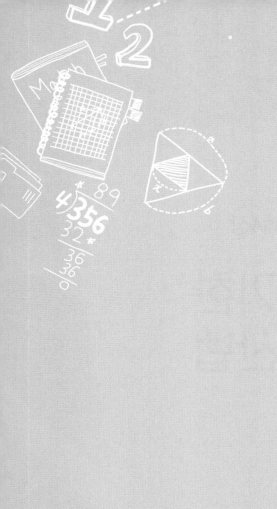

두 자릿수 곱셈

간단한 곱셈

100자릿수의 13제곱근을 13초 이하로 계산할 수 있는 사람들이 있다. 엄청나게 큰 수를 다른 사람들이 그 수를 채 말하기도 전에 아주 복잡해보이는 연산을 끝내버린다. 모든 계산 방식을 한꺼번에 사용하기 때문에 가능한 것이다.

그 계산 방식 중 몇 가지를 소개하려 한다. 걱정은 금물이다. 100자릿수를 계산한다는 것이 아니라 몇 가지 멋진 계산 방식을 만나보게 된다는 뜻이다. 평소에 계산할 때 사용한다면 유용한 방식들이다. 예를 들어 두 자릿수 곱셈을 쉽게 계산하는 것이다.

13×17을 계산해보자. 진행 방식은 다음과 같다. 첫 번째 숫자 13에 두 번째 수의 일의 자릿수 7을 더한다. 13+7=20에 0 하나를 덧붙여 200을 만들고, 여기에 두 수의 일의 자릿수를 곱해서 (3×7=21) 더한다. 계산 결과는 221이다.

같은 방식으로 14×19=266도 풀어보자. 위와 같은 과정을 거치면 14+9=23 → 230+36=266이 된다. 이렇게 우리는 10부터 19 사이의 수를 쉽고 빠르게 곱하는 방법을 알게 되었다. 혼자 문제를 풀어보고 싶은 사람은 다음의 문제를 풀어보자.

15 × 18=

12 × 16=

15 × 15=

조금 더 복잡한 곱셈

앞에서 100자릿수의 13제곱근을 13초 이내에 계산할 수 있는 사람이 있다고 언급했다. 덧붙여 말하면, 계산 과정을 나누어 계산하기만 하면 보통 사람도 그런 계산을 할 수 있다. 하지만 그렇게 빨리하지는 못한다. 1990년대에 학생들이 TV 프로그램

〈베튼 다스Wetten, dass..?〉에 나와 그런 제곱근을 4분 안에 계산했다. 학생들은 복잡한 과제를 작은 단계로 잘게 나눈 다음 그 계산 단계를 그룹 구성원에게 분배했다. 예를 들면 몇 명은 로그표의 일부를 암기했던 것이다.

이어질 이야기는 다른 곱하기 기술이다. 이 기술은 십의 자릿수가 1인 두 자릿수의 곱셈 방법에서 나아가 십의 자릿수가 임의의 수(하지만 서로 같은)인 두 자릿수를 곱할 수 있게 해준다. 대개는 추가 조치가 필요하다.

예를 들어 46×42를 생각해보자. 두 수의 십의 자릿수는 모두 4다. 두 자릿수 곱셈법에서 첫 번째 숫자 46에 두 번째 숫자의 일의 자릿수(2)를 더하면, 48이 나온다. 48에 두 수의 십의 자릿수(4)를 곱하면 192가 나온다. 여기에 0을 덧붙이면 1920, 그리고 일의 자릿수들의 곱($6 \times 2=12$)을 더한다. 그 결과는 1932이다. 십의 자리가 1인 두 자릿수 곱셈법에서는 두 수의 십의 자릿수(1)를 곱하는 과정을 생략할 수 있기 때문에 한 단계가 짧았던 것이다.

어떻게 위와 같이 계산되는지 과정을 설명하면 다음과 같다. 'ab'로 배열된 숫자는 10a+b를 의미한다. 그러면 $(10a+b) \times (10a+c)$라는 곱셈식을 만들 수 있다. 위의 계산 방식은 이 곱셈식을 [(10a+b)+c]×10a+bc로 계산한 것이다. 각각을 다 곱해 본다면, 두 곱셈식 모두 $100a^2+10ab+10ac+bc$가 된다. 스스로 이런 계산을 해보고 싶은 사람들을 위해 다음 문제들을 준비했다.

61 × 67=

24 × 24=

59 × 53=

수용소에서 개발한 곱셈법

이번에는 빨리 계산할 수 있는 시스템을 개발한 자코프 트라흐텐베르크Jakow Trachtenberg를 잠시 떠올려보며 시작하겠다. 그는 러시아 출신의 수학자이자 공학자였고, 1917년 10월 혁명 이후 도망쳐 베를린에 정착했다. 이후 트라흐텐베르크는 히틀러를 비판하고 나치 정권을 반대하는 바람에 위험에 처했고, 아내와 함께 빈으로 이주했다. 그러나 독일이 오스트리아를 합병한 이후에 나치에 체포되어 강제수용소에 감금되었다. 수용소에서의 시간을 견뎌내기 위해 그는 빠르게 암산하는 방법을 개발했다. 트라흐텐베르크는 종이와 연필도 없이 머릿속으로만 그 방법을 생각해냈다.

아주 큰 수까지 계산할 수 있는 그의 곱셈 나눗셈 방식은 오늘날에도 매우 유용하다. 트라흐텐베르크는 기억해야 하는 중간 과정을 가능한 한 적게 만들어서 연산을 덜 복잡하게 만드는 것을 목표로 삼았다. 다음 소개할 것은 임의의 두 자릿수 곱셈을 할 수 있는 트라흐텐베르크 시스템이다. 예를 들어 21×32를 해보자. 두 수를 위아래로 써보자.

21

32

우선 수직으로 계산하고, 다음에는 십자형으로, 그다음에는 다시 수직으로 계산한다. 일의 자릿수(1과 2)를 서로 곱하면, 두 수를 곱한 수의 일의 자릿수를 알 수 있다. 이것이 첫 번째 수직 계산 단계이다. 결과는 1×2=2다.

그런 다음 십의 자릿수와 일의 자릿수를 대각선으로 곱해서 더한다. 2×2+1×3=7이다. 7이 두 수를 곱한 수의 다음 숫자다.

마지막으로 십의 자릿수(2와 3)를 서로 곱한다. 이것이 두 번째 수직 계산 단계다. 계산 결과는 2×3=6이다. 이것이 세 번째 숫자다.

결과적으로 우리가 얻는 답은 672이다.

첫 번째와 두 번째 계산 과정에서 숫자 하나가 아닌 두 자리 숫자가 등장한다면, 그 수에서 일의 자릿수만 적고 십의 자릿수는 다음 단계에서 더하면 된다. 34×53을 계산해보자.

34

53

곱한 수의 일의 자릿수를 알기 위해 4×3=12를 하면 2를 적고, 1은 기억한다. 대각선으로 곱하면 3×3+4×5=29다. 여기에 1을 더하면 30이 나온다. 0을 적고 3은 기억한다. 마지막으로 십의 자릿수를 곱하고 이전 과정에서 기억해둔 3을 그 수에 더한다. 3×5+3=18이다. 답은 1802이다. 이제 다음 문제들을 혼자 풀어보자.

47 × 62 =

53 × 71 =

28 × 80 =

선을 이용한 중국의 곱셈법

이번에는 서론은 생략하고 두 자릿수의 곱셈을 빠르게 할 수 있는 굉장히 멋지고 특이한 방법을 소개하려고 한다. 이것은 시각적인 방법이라서 반드시 눈으로 보면서 배워야 한다!

고대 중국인은 유럽보다 훨씬 이전에 종이·인쇄술·나침반을 발명했던 것처럼, 이 계산 방법 역시 중국에서 발명했다.

21×32부터 시작하자. 십의 자릿수와 일의 자릿수를 각 수에 맞게 선을 긋되 비스듬하게 놓아 서로 교차시킨다. 중국인들은 산가지로 이와 같은 모양을 만들었다. 다음의 그림은 이해하기 쉽게 회색의 명암 단계로 구분해놓았다.

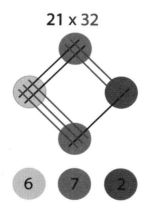

21 x 32

그런 다음 각각의 교점만 곱해서 더하면 된다. 끝이다! 5초도 안 걸린다. 한 교점에서 나온 숫자가 두 자릿수일 경우에는 어떤 식으로 진행될까? 당연히 십의 자릿수가 올라간다. 34×53을 해 보자. 다음 그림을 보면 아주 쉽게 이해할 수 있다.

34 x 53

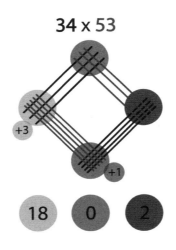

즉, 34×53=1802다. 그럼 다음 문제들을 직접 풀어보면서 즐 거운 시간을 보내길 바란다.

13 × 14=

53 × 32=

44 × 26=

제곱근 구하기

제곱을 거꾸로 계산하다

두 자릿수의 곱셈에 이어, 이번에 다루는 주제는 근을 계산하는 것이다. 제곱을 거꾸로 계산하는 것으로, 정확히 말해서 제곱근을 구할 것이다. 어떤 수 Z의 제곱근은 W고, W를 제곱하면 Z가 나온다. 즉, W×W=Z다.

예를 들어, Z가 9면 제곱근 W는 3이다. 또 하나의 제곱근은 -3이다. (-3)×(-3)도 9기 때문이다. 따라서 제곱수 9의 두 제곱근은 정수다. 이외에 다른 경우들도 있을 수 있다. 아테네 출신의 그리스 수학자 테아이테토스Theaitetos는 기원전 380년경 자연수의 제곱근은 모두 정수이거나 무리수라는 것을 증명했다. 무리수란 분자와 분모를 정수비로 표현할 수 없는 수다. 그 수의 소수점 아래에는 규칙성이 없는 수가 무한히 이어진다.

제곱근을 멋지게 푸는 방법

다섯 자리 제곱수까지 아주 쉽고 빠르게 제곱근을 풀 수 있다. 이 정도는 계산도 복잡하지 않고 제곱근도 많아야 세 자릿수다. 이 멋진 방법으로 계산하면 두 번 숨을 쉬기도 전에 근의 해가 나온다. 다음의 방법을 따라가 보자. 제곱수 Q의 양의 제곱근 W은 두 단계로 나아간다.

1단계 W의 첫 번째 자리에 있는 수를 G라 하면, Q의 마지막 두 숫자, 즉 십의 자릿수와 일의 자릿수를 삭제하고 남는 수 Z를 이용해 G를 구할 수 있다. 제곱수가 Z보다 작거나 같은 여러 수 중에서 가장 큰 수가 G다. 예를 들어 Z가 80이라면 G는 8이다. 9의 제곱은 81로 80을 넘기 때문이다.

2단계 W의 일의 자리에 있는 마지막 숫자를 L이라 하면, Q의 일의 자릿수 E를 통해 추정할 수 있다.

E=0이면, L=0이다.

E=1이면, L=1 또는 L=9이다.

E=4이면, L=2 또는 L=8이다.

E=5이면, L=5이다.

E=6이면, L=4 또는 L=6이다.

E=9이면, L=3 또는 L=7이다.

어떻게 이런 관계가 성립되는지는 L=0에서부터 L=9까지 제곱해보면 이해될 것이다. 위 목록을 보면 E가 0 또는 5일 때를 제외하면, 마지막 숫자가 될 수 있는 수는 두 개씩이다. 두 수 중에서 어느 수가 옳은지 알기 위해 다음의 단계를 거친다. 1단계에서 얻은 G에 G+1을 곱한다. 그 곱이 Z보다 크면, L이 될 수 있는 두 수 중에서 작은 수가 L이고, 그 곱이 Z보다 작다면, 큰 수가 L이다. 이 설명이 복잡하게 들릴 수 있지만, 실제로 해보면 확실히 빠르다.

세 자리가 넘는 큰 수의 제곱근

제곱수 841을 계산해보자. 뒤에서 두 자리의 수들을 지우면, 8만 남는다. 8보다 작은 제곱수 중 가장 큰 정수는 4=2×2다.

이에 따라 841의 제곱근의 첫 번째 숫자 2를 찾았다. 841의 마지막 숫자가 1이기 때문에, 위의 목록에 따르면 제곱근의 마지막 숫자는 1 또는 9임이 틀림없다. 정답을 찾기 위해 곱셈 2×3=6을 한다. 6은 첫 번째 숫자 8보다 작다. 그에 따라 큰 수 9가 W의 마지막 숫자가 되므로 841의 제곱근은 29다. 이전에 알아보았던 빠른 곱셈법으로 계산해보면 29×29=841이라는 것을 알 수 있다.

다음으로 풀어볼 문제는 3844의 제곱근이다. 이 수는 100의 제곱인 10,000보다 작으므로, 제곱근이 두 자릿수라는 것을 알 수 있다. 마지막 두 숫자를 삭제하면 38이 남는다. 6×6=36이 38에서 가장 가까우면서 38보다 크지 않은 제곱수이기 때문에 W의 첫 번째 숫자로 6을 얻게 된다. 3844의 마지막 숫자는 4이기 때문에 W의 두 번째 숫자는 2 또는 8이 된다. 6×7=42는 38보다 크기 때문에 둘 중 작은 수인 2가 두 번째 숫자다. 따라서 답은 62다.

이번에는 다섯 자릿수 19321을 풀어보자. 1단계에서 193이 남고, 13×13=169지만 14×14=196이기 때문에 W의 첫 부분으로 13을 얻는다. 19321의 마지막 숫자가 1이기 때문에 W의 마지막 숫자는 틀림없이 1 또는 9다. 13×14=182는 193보다 작기 때문에 마지막 숫자는 9가 되므로, 답은 139다. 이런 문제를 혼자서 풀어보는 것은 어떨까? 다음 수의 양의 제곱근은 무엇일까?(답은 아래에)

961

5929

13225

제곱근의 근삿값

앞에서는 정수 제곱근의 근호가 순조롭게 벗겨지는 경우의 제곱근 계산 방법을 다루었다. 근호가 쉽게 벗겨지지 않는다면, 이 제곱근은 반복되지 않는 숫자들이 끝도 없이 이어지는 수일 것이다. 그러면 기껏해야 제곱근의 근사치에 해당하는 소수를 구할 수 있다. 이 정도로만 아는 것도 충분할 때가 많다. 이런 근삿값을 매우 빠르고도 멋있게 계산하는 방법을 알아보겠다.

다음의 과정은 문제를 푸는 사람이 정수의 제곱을 알고 있는 범위에서 이용할 수 있다. 그 범위가 100 이하의 수라고 가정하자. 구체적으로 y=23의 제곱근을 계산해보자. y보다 작거나 같

답: 31, 77, 115

은 제곱수 중에서 가장 큰 수는 16이다(16=4×4). 따라서 찾고자 하는 답에서 소수점 앞에 있는 정수는 4다. 이 정수 부분을 z라고 부르고, 이제 소수점 아래 수의 근사치를 구해보자. 그렇게 찾아낸 답을 z+e라고 쓴다.

그러면 y=(z+e)×(z+e)=z×z+2z×e+e×e다. e는 1보다 작기 때문에, e×e는 다른 두 항에 비해 무시될 수 있는 수준이다. 그러면 y는 제곱수 z×z보다 대략 2z×e만큼 크다. 계산 속도를 빠르게 하고자, e에 대해 세 값 즉, 0.25, 0.5, 0.75만 생각해보자. e=0.25일 때 2z×e는 z의 반이다. e=0.5일 때 2z×e는 z이다. e=0.75일 때 2z×e는 z의 1.5배다.

따라서 이제 제곱수 z×z에 대해 우선 0.5×z, z, 1.5×z를 각각 더해서, 이 세 값 중 어느 값이 y에 제일 가까운지 확인하자. 그렇게 구한 e가 z에 더해지면 우리가 원하는 근삿값이 나온다. 이 정도면 일상에서 이용하기에는 충분하다.

이제 16에 1/2×4=2, 1×4=4, 3/2×4=6을 더하자. 그러면 그 값은 각각 18, 20, 22이다. 마지막 값이 23에 가장 가깝다. 소수점 이하 수 e는 0.75이므로 23의 제곱근의 근삿값은 4.75가 된다. 소수점 아래 세 자리까지 나타낸 정확한 값은 4.795다. 그때 근사 오차는 1퍼센트보다 작다. 이 정도면 나쁘지 않다. 한번 직접 풀어보지 않겠는가? 위와 같은 방법으로 85, 56, 77의 제곱근의 근삿값을 구해보라.(답은 아래에)

세제곱근을 찾는 비결

제곱근을 열심히 계산했으니 이번에는 세제곱의 근호를 벗겨내는 문제를 다루어보자. 세제곱 문제는 많은 사람이 까다롭게 여기지만 인도 베다 수학으로 3초 만에 해결할 수 있다. 베다 수학은 푸리Puri에 있는 고바르다나 마타의 주지 스님이었던 바라티 크리슈나 티르타Bharati Krishna Tirtha가 만들어내 구전으로 전해지는 암산법이라고 한다. 베다는 힌두교의 경전이다. 베다는 일반적으로 기원전 1200년경 완성된 것으로 추정된다. 티르타는 베다 중 가장 오래된 『리그베다Rig-Veda』에서 계산법을 이끌어낼 수 있다고 주장했다. 그게 사실이라면 베다 수학은 가장 오래된 산술의 하나일 것이다.

베다 수학은 수트라라고 불리는 16가지 간단한 계산법을 바탕으로 한다. 그 법칙은 종래의 방식이 아니며, 특정 산술연산을 할 때 이용하면 매우 빠르게 계산할 수 있다. 일반적으로 학교에서 배운 방식으로 계산할 때의 속도와는 비교도 할 수 없이

답: 9.25, 7.5, 8.75

빠르다. 그 법칙을 이용하면 몇 가지 복잡한 과제도 빨리 풀 수 있다. 미국과 인도에 있는 몇몇 대학의 세미나에서 이 방법을 다룬다.

베다 수학의 놀라움

우리는 베다 수학을 이용해 1,000과 1,000,000 사이에 있는 한 수를 골라 상당히 빨리 세제곱근을 구하려 한다. 단 세제곱근이 정수라는 것을 아는 경우에 한한다. 1부터 9 사이 수의 세제곱은 쉽게 익힐 수 있다. 그 수는 다음과 같다. $1^3=1$, $2^3=8$, $3^3=27$, $4^3=64$, $5^3=125$, $6^3=216$, $7^3=343$, $8^3=512$, $9^3=729$.

이 목록을 보면, 9가지 세제곱수의 마지막 숫자가 모조리 다르다는 것을 알 수 있다. 즉 이미 세제곱수 z^3의 마지막 숫자만으로도 밑수 z를 알아낼 수 있다. 수 z와 z의 세제곱수의 마지막 숫자를 짝지으면 다음과 같다. (1,1), (2,8), (3,7), (4,4), (5,5), (6,6), (7,3), (8,2), (9,9) 이 목록은 아주 쉽게 외울 수 있다. 양극단의 값은 두 숫자가 같고, 중간에 있는 숫자 4, 5, 6에서도 마찬가지다. 나머지 수들은 살펴보면 합이 10이 된다.

이것만으로도 크게 한 걸음 나아갈 준비가 되었다. 어떤 두 자릿수가 있는데 그 수의 세제곱이 1,000과 1,000,000 사이의 수라고 가정하자. 일의 자릿수는 위의 목록과 비교해보면 알 수 있다. 예를 들어 세제곱수의 일의 자릿수가 3이면 밑수의 일의 자릿수는 7이다.

일의 자릿수가 밝혀진다면, 세제곱수에서 마지막 세 숫자를 지운 다음, 삭제하고 남은 수를 넘지 않는 세제곱수 z^3을 알아보고 그중 가장 큰 값을 찾아낸다. 그러면 그 값이 세제곱근의 십의 자릿수다.

예를 들어 117,649를 생각해보자. 117,649의 마지막 숫자는 9다. 그러면 위의 목록에 따라 밑수의 일의 자릿수는 9가 된다. 세제곱수의 마지막 세 숫자를 삭제하고 나면 117이 남는다. 세제곱수 4^3=64는 117보다 작고, 5^3=125는 벌써 117보다 크다. 즉 십의 자릿수는 4고 그 결과 밑수는 49다. 사실 49×49=2,401이고 2,401×49=117,649이다.

다음의 수들을 가지고 직접 풀어보며 답이 맞는지 알아보자.(답은 아래에)

571787, 2197, 166375

제5장

수학의
응용

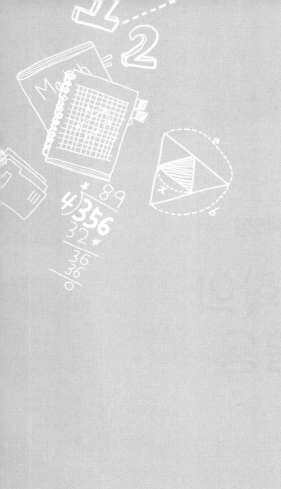

수학의 탁월함

시차증후군을 해결해주는 수학

우리는 두 가지 시계에 적응해야 한다. 첫 번째는 체내의 유기적 과정에 따라 돌아가는 생체 시계다. 그 시계는 우리가 느끼는 시간에 따라 만들어지고 우리의 수면-각성을 결정한다. 두 번째 시계는 태양 주위를 도는 지구의 공전에 따라 생기며 지구를 둘러싼 각기 다른 지역 시간과 시간대로 표현된다. 그 두 시계가 서로 맞지 않는다면, 신체에 혼란이 일어난다. 그러나 수학이 우리의 몸을 다시 정상으로 만들어줄 수 있다. 두 시계가 똑같이 진행되지 않을 때 우리는 '시차증후군'이라고 말한다. 그런 상태는 야간 근무를 하는 사람들, 수면 리듬 장애가 있는 사람들, 시간대를 넘나드는 여행을 한 사람들에게 자주 발생한다. 두 시계 사이에 한 시간 차이가 생길 때 시차증후군을 극복하기까지 평균 하루가 걸린다고 한다.

미시간대학 수학자 데니 포거Daniel Forger가 이끄는 연구진이 시차로 고생하는 사람들을 시차증후군에서 빨리 벗어날 수 있게 해주는 스마트폰용 무료 앱을 개발했다. 이 앱에는 빛의 양과 어둠, 그리고 빛과 어둠이 이어지는 리듬이 가장 중요하다. 앱이 가르쳐주는 생체리듬에 따라 빛을 쬐거나 잠을 자면, 생체 시계는 앞이나 뒤로 원하는 대로 조정할 수 있다.

가장 중요한 것은, 신체 온도가 가장 낮은 시점(신체 시계의 새벽 3시에서 5시 사이)에 있는 몸이 언제 빛에 노출되느냐다. 그 시점에서 6시간이 지나기 전에 밝은 빛을 받는다면 생체 시계는 뒤로 미루어진다. 6시간이 지나고 나서 밝은 빛에 노출된다면 생체 시계는 앞으로 조정된다.

여행할 때 이 앱을 이용하려면 출발지와 도착지의 현재 시각을 입력해야 한다. 그러면 다음과 같은 정보들이 제공된다. 예를 들어 어떤 여행자가 동쪽으로 12개의 시간대를 넘어 이동하고 그곳에서 7시에 하루를 시작하기를 원한다면, 앱은 첫째 날 언제 빛에 노출되어야 하고 언제 어둠 속에 머물러야 하는지 알려준다. 다음 날부터는 그 패턴이 단계적으로 변화한다. 12개의 시간대를 넘어 비행한 경우에 4~5일만 지나면 시차증후군은 사라진다. 앞에서 말한 것처럼 12일이나 걸리지 않는다.

판데르폴 발진기

포거 연구팀은 시차증후군을 풀 수학을 쉽게 얻어내지 못했다. 그들은 진동을 일으키는 시스템인 판데르폴 발진기Van der Pol oscillator를 가지고 연구했다. 판데르폴 발진기는 생체 시계의 주기적 리듬을 수학적으로 복제할 수 있다. 포거 연구팀은 빛과 어둠의 주기가 생체리듬에 미치는 영향을 알아볼 실험 자료를 사용했다.

어떤 것인지 이해하기 위해 몇 가지 기준 수치를 놓고 이야기하자. 동쪽으로 비행하는 경우 생체 시계는 앞으로 조정해야 한다. 동쪽으로 9개 시간대를 넘어 여행할 때 생체 시계가 느끼는 약 4시에서 10시까지의 구간에서는 몸이 빛에 노출되어야 하고, 그 이전에 22시에서 4시까지 구간에서는 빛을 피해야 한다. 여행이 9개 이상의 시간대를 넘어간다면, 생체 시간상 22시부터 4시까지 구간에서는 반대로 빛에 노출되어야 하고 4시부터 10시까지의 구간에서는 빛을 피해야 한다. 두 번째의 권고 사항은 서쪽으로 여행할 때에도 적용된다.

이 방법을 사용할 때 가장 어려운 것은 원래 몸이 완전히 깨어 있는 동안 어둠 속에 오래 머무르는 것이다. 그래서 이 권고를 따르거나 앱을 사용하는 경우에도 여행 후 하루나 이틀 동안 부자연스러운 명암의 주기를 의지로 버텨낼 것인지, 아니면 항상 느껴오던 시차증후군에 굴복할 것인지 고민하게 된다.

많은 사람이 시차증후군에 대항하는 나름의 노하우를 갖고 있다. 나는 도착지에서 되도록 빨리, 그리고 편안하게 그곳의 일과에 따라 움직이려고 노력한다. 비상시에는 커피를 마시며 깨어 있으려고 노력하지만 약을 복용하지는 않는다. 다른 어떤 노하우가 있을까?

수학으로 행복한 결혼을 예측한다

한번은 『디 차이트Die Zeit』가 1면에 다음과 같은 질문을 실었다. "이혼이 세습되는가?" 관련 기사에는 한 연구가 소개되었다. 그 연구 결과에 따르면 싱글맘은 결혼 관계를 유지하고 있거나 동거하고 있는 부부보다 이혼 가정에서 성장한 경우가 2배나 많았다고 한다. 이혼은 아이들도 장차 같은 운명을 겪게 될 위험을 상당히 높여준다.

부부 관계는 우리가 가진 것 중 가장 중요한 것에 속한다. 행복한 부부 관계! 하지만 행복한 부부 관계란 무엇이고 부부 관계가 행복한지를 무엇을 통해 알아낼 수 있을까? 그리고 미리 이혼을 예측하는 것이 가능할까? 그렇다. 결혼식을 올릴 때 이미 알 수 있다!

수학자 제임스 머리James Murray와 부부 · 부모 자녀 관계 전문가 존 고트먼John Gottman은 1990년대 초반 결혼에 대해 연구하기 시작했다. 그들은 갓 결혼한 신혼부부 700명을 대상으로 연구했고, 참가자들은 부부 관계에 관한 스트레스 테스트를 받았다. 15분간 면담하는 동안 되도록 까다로운 주제들 즉, 시부모나 장인 장모, 돈, 성관계, 가족계획 등을 다루었다.

면담은 녹화했다. 이후 분석할 때 각 문항에 −5점에서 +5점의 척도로 점수를 매겼다. 더 자세히 설명하면, 상대방이 무시 같은 부정적인 말을 하면 −5점, 애정이나 깊은 관심 같은 긍정적인 말을 하면 +5점을 주었다. 이런 극단적인 표현보다 강도가 덜한 말에는 −5에서 +5 사이의 점수를 부여했다. 추가로 혈압 · 맥박 · 땀 분비 같은 생리적인 자료를 기록했고 신체 언어 특히 표정과 손짓 · 몸짓 등을 평가했다. 그 결과 매우 풍부한 데이터가 만들어졌다.

연구자들은 자료를 두 가지 미분방정식으로 간결하게 표현했다. 안정적인 결혼 생활을 예측하는 방정식은 흥미롭게도 수학자들이 간질 발작, 주식시장 붕괴, 지진 같이 간헐적으로 발생하는 일들의 변화 추이를 보여주는 재난이론 방정식과 비슷했다.

방정식에 자료를 넣어보면 결혼 생활이 얼마나 지속될지 예상할 수 있다. 그리고 그런 예상은 현실에서 확인되었다. 연구자들은 참가자들과 연락을 유지했고 참가자들은 1년에 한 번씩 근황을 알려왔다. 연구 결과는 상당히 흥미로웠다. 연구자들이 가망이 없다고 예상했던 부부의 91퍼센트가 실제로 이혼했다. 행복한 결혼이냐 불행한 결혼이냐를 판가름하는 지표는 5:1이라는 간단한 비율로 나타낼 수 있다.

머리와 고트먼은 긍정적인 의사소통 요소와 부정적인 의사소통 요소의 관계를 비율로 나타냈다. 부부가 1번 부정적인 대화를 한 후 5번 이내로 긍정적인 대화를 이어가면서 서로에게 반응한다면 이 부부는 성공적인 결혼 생활을 유지하기가 어려웠다. 성공적인 결혼 생활을 위해서는 1번 부정적인 대화를 했다면 5번 이상은 긍정적인 대화를 해야 한다는 뜻이다. 긍정적인 대화/부정적인 대화의 비율이 상당히 작은 부부는 평균 5년 후에 이혼했다. 그리고 이미 언급했다시피, 연구자들은 91퍼센트

옳았다.

하지만 결혼 생활의 행복은 수학 이론으로 깔끔하게 기술되지 않는다. 부부가 관계 회복을 위해 대책을 세우고 극복해나갈 수 있는 경우에만 수학 이론과 일치했다. 머리와 고트먼은 관찰로 얻은 자료에서 부부 관계를 파괴하는 가장 큰 요인 4가지를 밝혀냈다. 즉, 상대방을 탓하는 것, 상대방을 업신여기는 발언, 자기 자신을 희생자로 묘사하는 것, 상대방과의 정서적 단절이었다.

반대로 안정적인 부부 관계를 보장하는 것은 서로 간의 존경, 상호 신뢰, 함께 웃는 것, 다정다감함이었다. 하지만 사랑은 결혼 생활이 지속될지 판단해줄 좋은 기준이 아니었다. 짚고 넘어가야 할 것은, 행복한 결혼 관계에서도 싸움이 일어난다는 것이었다. 행복한 결혼 관계를 유지하는 부부는 각자 한 발자국씩 뒤로 물러서서 상대방의 감정을 반추했다. 서로 극심하게 싸운다 해도 싸움은 가끔 벌어질 뿐이고 큰 문제가 되지 않았다. 그보다 한 사람은 화가 나서 흥분해 있는데 다른 한 사람은 웃고 있는 경우, 이것은 확실한 위기 징후였다. 싸움이 일어났을 때 싸움을 끝낼 수 있게 해주는 나의 묘책은, 앞에서 설명한 5:1의 비율을 가슴에 새기는 것이다.

통계로 탈세자를 찾아낸다

세금 포탈자들은 대체로 자신이 영리하다고 생각한다. 적어도 국세청보다는 자신이 똑똑하다고 생각한다. 그들은 소득세 신고를 할 때 수입을 숨기는데, 종종 화려하게 파멸한 울리 회네스Uli Hoeneß (독일 축구 선수)처럼 수십억 원 상당의 액수를 숨기기도 한다. 그들은 노련하게 국세청 공무원보다 앞질러간다고 생각하기 때문에 소득세를 허위로 신고하거나 이리저리 조작한다.

하지만 수학은 '멍청한 관공서'라는 국세청을 정보부로 만들 수 있다. 세무조사관은 수학을 이용해 탈세자의 계략을 알아낸다. 통계적으로 적합한지 아닌지 알 수 있는 경탄할만한 방법이 있기 때문이다. 통계적으로 적합성이 만족하지 않는다면, 조세 전문가는 의혹을 품게 된다. 차근차근 짚어보자.

이 세상에는 큰 것보다 작은 것이 많다. 수의 세계에서도 마찬가지다. 세상의 질서는 첫 번째 자리 숫자가 작은 수를 분명히 더 좋아한다. 어떤 수든지 1부터 10 사이의 값 M에 10의 거듭제곱을 곱하는 식으로 적을 수 있다. 예를 들면 310을 3.1×10^2으로 적는다. 희한하게도 세상에는 M이 4보다 작은 수가 더 자주 등장한다. 다시 말해서 대부분 수는 첫째 자리가 1 또는 2 또는 3이다.

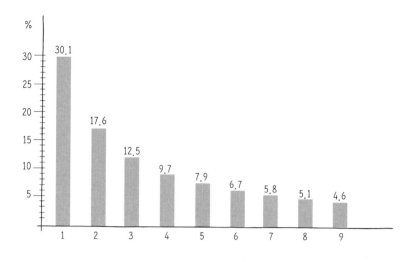

이를 쉽게 알 방법이 있다. 신문에서 아무 페이지나 펴거나 아무 웹 사이트를 불러와서 그 페이지에 등장하는 모든 수의 첫째 자리 숫자를 메모한다. 첫째 자리 숫자가 작은 수가 대다수다. 더 정확하게 말하면, 수많은 데이터 레코드(인구수부터 자연 상수, 신문과 보고서에서 마음대로 찾아내 이것저것 모아놓은 값까지)에 있는 수들의 첫째 자리 숫자는 벤포드 법칙Benford's law이라고도 불리는 벤포드 분포를 따른다.

위 도표를 보면 첫째 자리 숫자가 1인 수의 상대도수는 첫째 자리 숫자인 9인 수의 상대도수의 6배 이상이라는 사실을 알 수 있다. 이 사실은 깜짝 놀랄 만한 것이다. 왜 우리가 사는 세상이 1,362라는 숫자를 9,362라는 숫자보다 선호하는지 도저히 알 수 없다. 둘의 차이는 숫자 하나뿐이다. 그런데도 엄연한 차이가 있다. 구글에서 두 숫자를 검색하고 검색 결과의 수를 비교해보면 대번에 증명된다.

첫째 자리 숫자들의 분포에 보편타당하게 적용되는 법칙이 있다면, 그 수의 단위가 무언지는 중요하지 않다. 즉 그 단위가 섭씨이든 화씨이든, 킬로미터이든 마일이든, 유로이든 달러이든 상관없다. 그 법칙은 모든 측정 척도에 적용되어야 한다. 다시 말해 보편적이어야 한다. 수학자들은 이런 속성을 척도불변성이라고 부른다.

넓은 견지에서 바라보면, 위의 인수 M의 상용로그값은 0에서 1 사이에서 변화하는데, 그 비율은 벤포드 분포와 같다. 인수 M의 상용로그값이 이와 같은 분포를 보이는 것은 숫자들이 비균등하게 분포되어 있음을 보여준다. 주식시세를 예로 들면 쉽게 이해할 수 있다. 한 주식시세가 100포인트에서 200포인트로 상승한다면 100퍼센트 증가한 것이다. 그러나 900에서 1,000포인트로 똑같이 100포인트 상승했다면 겨우 11퍼센트 상승한 것이다. 달리 말해 100에서 200포인트까지의 과정이 900에서 1,000포인트까지의 과정보다 훨씬 길다. 따라서 주식시세가 똑같은 상승 폭을 보일 때 첫째 자리 숫자가 1인 영역에서 첫째 자리 숫자가 9인 영역에서보다 훨씬 오래 머무르게 된다. 즉 주식시세는 1이 첫째 자리에 있는 경우가 9가 첫째 자리에 있는 경우보다 훨씬 많다는 것을 보여준다.

벤포드 법칙은 대다수 금융 데이터에 적용된다. 조작이나 거짓이 없는 진짜 금융 데이터는 벤포드 분포를 따르고 그럴싸하게 위조된 데이터는 그렇지 않다. 미국 통계학자 마크 니그리니 Mark Nigrini는 미국 은행들이 세무서에 제출한 이자 수익을 통계학적으로 연구한 결과 벤포드 법칙이 매우 정확하게 들어맞는다는 것을 발견했다. 그렇지만 과세 대상자들이 소득세 신고서에 제출한 값은 벤포드 법칙에서 벗어나는 경우가 꽤 있었다.

니그리니가 개발한 소프트웨어는 이미 독일을 비롯한 많은 나라의 회계감사관들이 조작된 세무 신고서와 허위 대차대조표를 추적하는 데 도입했다. 니그리니는 그 소프트웨어를 탈세가 확인된 소득세 신고서에 적용해 검증했다. 그중에서 벤포드 검증을 통과한 사례는 하나도 없었다.

벤포드 법칙에 위반되지 않게 자료를 위조하는 것은 상당히 어렵다. 왜냐하면 원래 있던 자료의 첫째 자리 숫자만이 아니라 그다음에 이어지는 숫자들 역시 통계적 관점에서 비정상적이기 때문이다. 누군가 실제로 12,432유로를 벌었는데 9,921유로로 억지로 낮춘다면 그 차이는 아주 작을 수 있다. 하지만 이런 조작으로 첫째 자리와 둘째 자리 숫자는 상당히 왜곡되었다. 심각한 왜곡을 몰고 오는 숫자 '9'가 문제가 되기 때문에, 데이터 레코드는 이상하게 불거질 수 있다. 무언가가 불거져 있는 분포를 보게 되면 "데이터 전문가를 속이는 것은 불가능하다"고 말하게 될 것이다.

벤포드 검증으로 의심되는 세무 신고서를 발견했다고 해서, 그 탈세를 의심할 법적 강제력이 생기는 것은 아니다. 하지만 세무조사관이 정확히 들여다보고, 증거를 요청하고, 기재된 기록들을 꼬치꼬치 따져보고, 결국 세무감사를 시행하게 만드는 계기가 될 수는 있다.

수학과 스파이

수학자와 세계대전

수학자로서 제2차 세계대전에 대해 할 말이 있다. 그리고 그 말은 이 글의 끄트머리에 꺼내려고 한다. 우선은 완전히 다른 것, 제2차 세계대전과 하나도 관련 없는 것을 쓰겠다. 비밀 산타 이야기다!

독일에서는 크리스마스 때 선물을 모아놓고 가족이 모여 무작위로 선물을 교환한다. 각자 무언가를 내놓고, 이어서 제비뽑기로 선물을 나누어 가진다. 만약 누군가 자신이 가져왔던 선물을 도로 뽑아간다면 당연히 재미가 없을 것이다. 그런데 자신이 자신의 선물을 도로 가져가는 경우는 얼마나 자주 일어날까?

아버지, 어머니, 한나와 펠릭스라는 두 아이로 구성된 가족이 있다고 하자. 네 사람 중 누군가가 아버지가 준비한 선물을 받는다면 어머니가 준비한 선물을 받을 사람은 나머지 세 사람 중 한 사람일 것이다. 한나의 선물을 받을 사람은 앞의 두 사람을 제외한 나머지 두 사람이고, 펠릭스의 선물을 받을 사람으로는 한 사람이 남는다. 즉 선물을 무작위로 나누는 방법은 $4 \times 3 \times 2 \times 1 = 24$가지다.

이 24가지 방법 중에서 자신의 선물을 도로 가져가는 사람이 하나도 없는 경우는 얼마나 될까? 그 수를 계산해보자. 아버지의 선물을 어머니가 받았다고 가정하자. 그러면 2가지 경우로 나누어 생각해볼 수 있다. 어머니의 선물을 아버지가 받는다면, 두 아이는 서로 선물을 교환해야 한다. 이럴 경우는 오직 1가지 방법만 가능하다. 어머니의 선물이 아버지에게 가지 않는 경우도 있다. 어머니의 선물이 어떤 아이에게 가느냐에 따라 (어머니의 선물이 한 아이에게 간다면 다른 아이의 선물은 아버지에게 갈 수밖에 없으므로) 2가지 방법이 있을 수 있다. 그래서 가능한 경우의 수는 모두 3가지다.

아버지의 선물이 어머니에게 전달되지 않고 한나나 펠릭스에게 가는 경우, 같은 논리로 같은 경우의 수를 계산할 수 있다. 따라서 자신이 준비한 선물을 자신이 받아가지 않게 분배하는 방법은 정확하게 9가지다. 그러므로 전체 경우의 수에 대한 비율을 계산하면 9/24 즉, 약 1/3이다.

홍미로운 점은 몇 명이 있든지, 1,000명이 함께 선물 나누기를 할지라도 같은 값, 대략 1/3이 나온다는 것이다. 더 정확한 근사치는 오일러의 수(e=2.718……)의 역수다. 그러니까 과반이 넘는 경우 자신이 준비한 선물을 자신이 받아가는 일이 발생한다. 이 사실은 어떤 의미가 있을까?

이 사실은 제2차 세계대전의 분기점이 되었다. 농담이 아니다. 당시 독일군은 공격 목표, 병력, 전투 배치 같은 비밀스러운 명령을 전달하기 위해 암호를 만드는 기계 에니그마Enigma를 활용했다. 명령을 암호화하기 위해 알파벳 자모들이 전기신호로 바뀌었다. 에니그마에는 전기신호의 방향을 바꾸어주는 회로가 있어서, 암호로 바뀐 자모는 다시 그대로 풀리지 않았다. 전기신호의 흐름이 처음 들어갔을 때의 방향과 달라졌기 때문이다. 다시 말해서, 암호화가 되면 복호화가 어렵다.

그런데 위에서 설명한 것처럼 암호화한 자모가 원래의 자모와 같아지는 경우가 전혀 없도록 암호화할 방법에 제약이 있기 때문에 에니그마의 능력은 상당히 제한된다. 마침내 영국 수학자 앨런 튜링Alan Turing은 에니그마의 암호를 깨는 데 성공했다. 그래서 연합군은 독일이 주고받는 모든 분야의 정보를 거의 완전히 알 수 있게 되었다. 연합군의 총사령관이자 이후 미국 대통령이 된 드와이트 아이젠하워Dwight D. Eisenhower는 에니그마의 암호를 푼 것이 승리에 '결정적'이었다고 인정했다. 즉, '수학자 튜링이 제2차 세계대전의 승리에 결정적이었다'고 말할 수 있다.

수학이 스파이보다 낫다

제2차 세계대전에 대해 이야기하기 전에, 다시 전쟁과 관련 없는 이야기부터 시작해보자. 지금 당신이 대도시에 출장 중이라고 가정하자. 당신은 길모퉁이에 서서 택시를 타려고 한다. 계속해서 승객을 실은 택시들이 지나가는데, 그렇게 모두 6대의 택시가 지나간다. 도시의 택시에는 번호가 매겨져 있고 지나간 택시들의 번호는 696, 119, 864, 296, 548, 431이다. 이 도시에는 몇 대의 택시가 있을까?

이건 난센스 퀴즈가 아니다. 지금 나와 있는 상황증거들을 깊이 생각해보면 그 수를 어림잡아 계산할 수 있다. 이 정보에 대한 수학적 모델을 개발하고 몇 가지 가정을 해보자. 우선 도시에서 운행하는 택시에 1, 2, 3부터 N까지 번호가 붙어 있다고 생각할 수 있다. 그러면 N값은 도시에 있는 모든 택시의 수다. 이 값을 추정하려고 한다. 두 번째 가정은, 당신이 관찰한 번호들은 1부터 N까지의 모든 택시 중에서 우연히 눈에 띈 것들이다. 그것이 의미하는 바는, 1부터 N까지의 번호 중 하나를 붙인 각 택시가 모두 같은 확률을 가지고 길모퉁이에 서 있는 당신 곁을 지나칠 수 있다는 것이다.

이런 가정이 전제된다면, N값은 다음과 같이 추정할 수 있다. 관찰된 번호 중에서 가장 큰 숫자로 계산하자. 864를 6으로 나누고 7을 곱하면, $(864/6) \times 7 = 1,008$이다. 이유는 다음과 같다. 표본의 최곳값 864를 표본의 크기 n으로 나눈다면, 표본의 수 사이의 평균적인 간격을 알 수 있다. 그 간격에 n+1을 곱한다면, 이제껏 알지 못했던 N값이 나오리라는 것을 대강 예상할 수 있다. 1부터 표본에 있는 수를 넘어 우리가 모르는 N까지는 표본의 크기 n보다 큰데, 정확하게 표본의 숫자들 사이의 평균적인 간격 하나만큼 더 크기 때문이다. 이렇게 우선 N의 크기가 얼마인지 논리적으로 추정해보았다.

물어볼 것도 없이 멋진 생각이다. 하지만 가능한 방법은 또 있다. 예를 들어 관찰값 중 최곳값과 N값 사이의 알려지지 않은 간격도 추정할 수 있다. 평균적으로 관찰값 중 최곳값과 수 영역의 오른쪽 끝 N 사이의 알려지지 않은 간격은 대칭이라는 이유로 왼쪽 끝의 알려진 간격만큼 클 것이다. 즉, 표본의 최솟값과 택시 번호 중에 가장 작은 수 1 사이의 간격이 그것이다. 최솟값에서 왼쪽에 있는 이 간격의 길이는 최솟값 -1이다. 그러면 이 길이는 최곳값에서 오른쪽에 있는 값을 추정할 때 이용할 수 있는데 그 값을 최곳값에 더하면 된다. 864+119-1=982이다. 이런 방식을 사용하면 택시의 수가 좀 적게 나온다. 하지만 이것도 좋은 아이디어에서 나온 값이다.

이 생각에서 조금 더 나아갈 수 있다. 이번에는 최곳값의 오른쪽에 있는 간격을 추정하기 위해 최솟값의 왼쪽에 있는 간격을 이용하는 것이 아니라, 표본값 사이의 모든 간격을 이용하는 것이다. 통계적으로 볼 때 표본값들에는 평균 간격이 있고 각 값은 평균 간격을 중심으로 흩어져 있다. 이런 식으로 계산하면 이미 계산했던 첫 번째 값이 나오게 된다.

자신의 머리를 짜내서 최적의 방법을 개발하지 못한다면 수학자가 아니다. 그것은 무엇보다도 N의 크기를 정확하게 구한다는 것, 즉 오랫동안 많은 경우에 알려지지 않은 N값을 작지도 크지도 않게 계산해낸다는 것을 의미한다. 즉 N값은 어디로도 치우치지 않아야 한다. 정육점 주인이 고기 무게를 다는 것과 어느 정도 비슷하다. 저울이 정확하게 무게를 표시해준다면, 고기의 무게를 너무 높거나 너무 낮게 측정하는 일은 거의 없을 것이다. 그런데 만약 정육점 주인이 무게를 잴 때마다 엄지손가락을 저울 위에 올려놓는다면, 무게는 더 무거운 쪽으로 왜곡될 것이다. 정확하고 좋은 공식은 알려지지 않은 N값에 가능한 가까운 값이 나오는 것이다. 최선의 공식이 내놓는 답은 반복적인 계산을 할 때 N의 가장 작은 분산값을 보이는 값이다.

앞의 택시 예에서 본 것처럼, 당신은 아마도 기꺼이 그런 결론에 이르지 않았을 것이다. 그렇게 하나의 식을 얻어내려면 많은 이론을 내놓아야 한다. 그것은 분수 $[최곳값^{(n+1)}-(최솟값-1)^{(n+1)}]/[최곳값^n-(최솟값-1)^n]$이다.

최곳값이 864일 때 그 식에 대입하면, n이 6일 때 추정값은 1,007이 나온다. 더욱이 위의 6개 택시 번호는 1부터 N=1,000까지의 수 중 무작위로 선택된 것이었다. 이런 점에서 볼 때 우리가 추정한 값은 매우 훌륭하다.

이런 추정 방식은 꽤 괜찮은 놀잇거리일 뿐 아니라, 실제 역사에서도 활용되었다. 이제 제2차 세계대전으로 돌아가보자. 당시에 연합군은 독일군의 무기가 얼마나 있는지 알아내느라 큰 노력을 기울였다. 무엇보다도 독일의 군수공장에서 얼마나 많은 전차가 생산되는지 알려내려고 시도했다. 전차의 수를 알아내는 데 한편으로는 첩보 활동으로 알아낸 정보가, 다른 한편으로는 전투 중에 연합군이 파괴한 전차의 일련번호가 유용했다.

이런 표본을 바탕으로 수학자들은 앞에서 설명한 것과 같이 자료를 분석해서 추정하는 방법으로 매달 전차의 총생산량을 어림잡을 수 있었다. 그것은 연합군 사령관이 군수물자 생산량과 부대 투입 계획을 세우는 데 상당히 중요한 정보가 되었다. 전쟁이 끝난 후 실제 생산량 기록과 수학적인 추정값, 그리고 스파이의 정보를 비교할 수 있었다. 수학자들은 다음 표에서 보이는 것처럼 진실에 매우 가깝게 다가갔다.

	실제 생산된 탱크	수학자의 추정값	스파이의 정보
1940년 6월	122	169	1,000
1941년 6년	271	244	1,550
1942년 9월	342	327	1,550

출처: R. Ruggles·H. Brodie, 「An Empirical Approach to Economic Intelligence in World War II」, 『JASA』 42(1947), pp.72~91.

예수는 수포자였을까?

군중의 수를 세는 방법

인류가 존재한 이래로, 사람들은 모여 무리를 이루어왔다. 『성경』에는 대중이 운집한 이야기 몇 가지가 나온다. 예를 들어 「마태복음」 14장 21절에 따르면 예수는 빵 5개와 물고기 2마리로 5,000명의 성인 남자를 먹였고, 여자와 아이들은 세지 않았다. 「마태복음」은 양의 크기를 수량화하는 것에 대한 문제를 다루고 있다.

사람들이 정치적인 목적을 갖고 모인다면, 모임의 크기는 매우 중요하다. 모인 사람의 수 역시 매우 정치적인 문제다. 모인 사람이 100명 혹은 1,000명 혹은 10만 명인지에 따라 의미는 달라진다. 집회를 조직하는 사람들은 가능한 많은 사람이 모였다고 말하는 것이 이익이다. 사람이 많을수록 큰 추진력을 얻을 수 있다. 우유부단한 사람들을 찬동하도록 부추기고, 언론의 집중적인 관심을 받으며, 의견을 진지하게 받아들이도록 정치계를 압박할 수 있다.

집회를 반대하는 사람들은 당연히 모인 사람의 수를 축소해서 말하는 것이 이득이다. 경찰 역시 군중의 수를 헤아려야 한다. 행사의 크기를 계획하고 인원을 얼마나 투입할지 정확하게 맞추어야 하기 때문이다. 최근 레기다Legida(유럽의 이슬람화를 반대하는 국수적 유럽인의 라이프치히 조직-옮긴이) 시위에서 신뢰도로 유명한 2가지 추정치가 크게 차이 난다는 것이 밝혀졌다.

눈대중으로 군중의 수를 어림잡으면 실수가 잦을 수밖에 없다는 것은 누구나 다 안다. 하지만 허버트 제이컵스Herbert Jacobs의 이름을 따서 만든 간단한 수학적 방법이 있다. 제이컵스는 캘리포니아대학 버클리의 신문방송학 교수였다. 1960년대에 그는 건물 높은 층에 있는 자신의 연구실에서 얼마나 많은 학생이 베트남전쟁에 항의하기 위해 광장에 모여드는지 관찰하곤 했다. 광장 바닥에는 약 1제곱미터 크기의 석판이 전체적으로 깔려 있었다.

모인 학생의 수를 알아내기 위해 제이컵스는 몇 개의 석판을 골라 그 위에 서 있는 학생들의 수를 세어 평균값을 내고, 그 평균값에 전체 석판의 수를 곱했다. 경험이 쌓여갈수록 제이컵스는 몇 가지 법칙을 세우게 되었다. 사람들 사이의 거리가 팔 하나 길이가 될 정도로 밀도가 낮다면 평균적으로 9,000제곱센티미터당 1명으로 계산해야 한다. 밀도가 중간 정도라면 4,000제곱센티미터당 1명으로, 사람이 꽉 들어차 있다면 2,300제곱센티미터당 1명으로 계산해야 한다. 사람이 고르게 분포해 있지 않다면, 사람들이 차지하고 있는 영역을 밀도가 같은 여러 영역으로 대충 나누어야 한다. 그렇게 해보면, 제이컵스의 경험에 따라 군중의 수를 ±10퍼센트 정도의 오차로 계산할 수 있다.

어떤 집회에 제이컵스의 방식을 반영해보려면, 격자가 그려진 비닐 위에 집회 사진을 펼쳐놓고 군중의 밀도가 중간 정도일 때 제이컵스의 방법을 이용해본다. 그러면 집회에 참가한 사람의 수를 현실적으로 추정할 수 있다. 하지만 그 추정치가 행사 주관자들 또는 언론이 관심을 두는 예상치에서 많이 벗어나기(대부분 한참 밑돈다) 때문에 종종 놀라게 될 것이다.

예수가 날짜를 잘못 계산했을까?

오순절은 그리스도교에서 부활절과 크리스마스 다음으로 큰 축제다. 『신약성경』에 따르면 부활절 이후 50번째 날 사도들에게 성령이 임했다. 오순절이라는 단어는 '50'이라는 뜻의 그리스어 펜테코스테pentekoste에서 유래했다. 하지만 오순절은 50일 동안 기념하지 않고 부활절 다음 날부터 정확하게 49일 뒤에 기념한다. 누군가 날짜를 잘못 세었던 것일까? 그렇지 않다!

수학에서는 수를 세는 것이 가장 단순한 일이다. 수를 센다는 것은 +1을 거듭하는 것 외에는 아무것도 아니다. 덧셈을 하는데 헷갈릴 것은 아무것도 없다. 그런데 그 말이 완전히 맞는 것도 아니다.

『성경』이 쓰였던 때는 수를 세는 방법이 지금과 달랐다. 구체적으로 말하면 우리가 사용하는 현대의 수에는 0이 있다. 하지만 당시에는 0이 없었다. 0은 13세기가 되어서야 유럽으로 들어왔다. 0이 들어오기 전에는 시간이나 공간의 길이를 잴 때 1부터 시작했다. 오늘부터 오늘까지는 하루, 오늘부터 내일까지는 이틀, 오늘부터 모레까지는 사흘, 이런 식으로 날짜를 셌다.

이는 잘 알려진 사실이지만, 그래도 혼란이 발생하지 않도록 이미 여러 조치가 취해졌다. 기원전 46년 율리우스 카이사르는 달력을 개혁했다. 그는 4년에 한 번씩 윤일이 삽입되어야 한다고 정했다. 기원전 45년은 윤년이었다. 그다음 해에 카이사르가 살해당했다. 당시 달력 업무를 담당하던 성직자들은 카이사르가 정한 윤년 법칙을 수용했지만 잘못 해석했던 탓에 1부터 세는 방법에 맞추어 이해했다. 그래서 이후 10년 동안 오늘날의 수 세는 방법에 비추어볼 때 윤년은 3년마다 있었다. 즉 기원전 42년, 기원전 39년, 그런 식으로 기원전 9년까지 윤년이 이어졌다. 이후에 아우구스투스Augustus 황제는 다가오는 서기 8년까지 윤년을 연기했다. 지구가 태양 주위를 공전하는 주기와 맞지 않게 달력이 밀리는 것을 막기 위해서였다. 그 업적으로 아우구스투스는 달력의 한 장을 차지하게 되었다. 그래서 8월August은 그의 이름을 따라 불리게 되었다.

1부터 세는 방식은 지금 보면 너무 시대에 뒤떨어진 것이지만, 오늘날에도 그런 방식의 흔적을 찾을 수 있다. '8일 후에'라고 할 때 '1주일 후에' 즉 '7일 후에'라는 뜻으로 쓰기도 한다. 다른 언어에서도 이런 현상이 등장한다. '2주'를 말하는 프랑스어 'quinze jours'는 말 그대로 번역하면 '15일'이다. 그리고 그리스 사람들은 올림피아드, 즉 올림픽 경기 사이에 있는 4년이라는 기간을 5년의 기간이라는 뜻의 '펜타에테리스pentaeteris'라고 한다.

음악에서도 음정을 표시해야 할 때 1부터 세는 경우가 자주 나타난다. 1도 음정은 같은 높이의 음이다. 그리고 '음정音程, interval'의 어원은 라틴어의 'intervallum'인데 이는 '간격'을 의미한다. 1도인 두 음 사이에는 0개의 음이 있다. 1부터 세는 방식에 따르면 1도는 간격이 1이다. 옥타브의 간격은 현대의 수 세기 방식에 따르면 7음이지만, 그리스 어원octa을 볼 때 옥타브가 8음이었던 것을 알 수 있다.

1부터 수를 셌다는 것을 알면 『성경』의 다른 구절을 이해하는 데도 도움이 된다. 그리스도교 신앙에 따르면 예수는 죽은 지 3일 만에 부활했다. 금요일 오후에 죽어서 토요일 밤과 일요일 아침 사이에 부활했다. 유대 문화에서는 토요일 밤을 일요일로 셈해 넣었다. 그러면 일요일은 금요일 다음다음 날이고, 1부터 세는 방식에 따르면 셋째 날이 된다.

그러나 어느 『성경』 구절은 1부터 세는 방식으로도 잘 이해되지 않는다. 「마태복음」 12장 40절에서 예수는 "요나가 사흘 밤낮을 큰 물고기 배 속에 있었던 것처럼, 사람의 아들도 사흘 밤낮을 땅속에 있을 것이다"라고 말했다. 예수는 이 말을 할 때 날짜를 정확하게 말해야 했다. 율법학자들이 그가 메시아인 것을 알 수 있는 표징을 보여달라고 한 데 대한 대답이기 때문이다. 하지만 1부터 세는 방식을 쓰더라도 무덤 속에서 겨우 사흘 낮과 이틀 밤을 보냈다고 말할 수밖에 없다. 예수가 날짜를 잘못 계산했을까?

부활절을 계산해보자

부활절은 그리스도교의 큰 축제일뿐 아니라, 유동공휴일(주중의 휴일을 주말이나 주초에 붙여서 쉬는 휴일-옮긴이)이다. 크리스마스와 다르게 부활절은 매해 같은 날짜에 쉬지 않는다. 교회는 325년 니케아공의회에서 부활절을 춘분 이후 처음으로 보름달이 뜬 뒤 맞이하는 첫 번째 일요일로 정했다. 이 말은 복잡하게 들린다. 그리고 사실이 그렇다. 이런 방식을 택한 것은 부활절 일요일의 날짜가 태양을 중심으로 공전하는 지구의 평균운동과 지구를 공전하는 달의 평균운동과 관련 있기 때문이다.

이를 수학으로 어떻게 계산할 수 있을까? 부활절 축제를 쉽게 계산할 수 있는 공식이 있을까? 이 질문은 이미 카를 프리드리히 가우스Carl Friedrich Gauß가 연구했다. 가우스가 1800년 8월 『월간 지리학과 천문학Monatliche Correspondenz zur Beförderung der Erd-und Himmelskunde』에 자신이 만든 부활절 공식을 발표했을 때 겨우 23세였다. 이

공식을 이용하려면, 나눗셈의 나머지를 계산하는 연산을 하면
된다. 그 연산은 수학적 기호 'mod(모듈로라고 부른다)'로 간단하
게 적을 수 있다. 예를 들어 17mod4=1이다. 17을 4로 나누면
나머지가 1이기 때문이다. 가우스의 계산법을 쓰려면 부활절을
알고 싶은 해의 연도를 나타내는 수 J만 있으면 된다.

A=Jmod19

B=Jmod4

C=Jmod7

D=(19A+M)mod30

E=(2B+4C+6D+N)mod7

여기에서 M과 N은 상수고, 1세기에 한 번 달라진다.
2000~2099년 동안 M값은 24고 N값은 5다. 이 방식으로 D와
E를 계산하면, 부활절 날짜는 3월 (22+D+E)일이고, 계산 결과
가 3월 32일이라면 그것은 당연히 4월 1일이다.

몇 가지 예외를 제외하고 이 공식은 니케아공의회의 규정을
정확하게 밝혀준다. 한 가지 예외를 들자면, 이 공식에 따라 4월
26일이 나오는 경우 부활절은 4월 26일이 아니라 4월 19일이

다. 2000~2099년 사이에는 이 경우가 2076년에만 등장한다. 예외가 한 가지 더 있다. D=28, E=6이고 (11M+11)mod30 < 19 라면, 공식에 따라 계산된 4월 25일이 아니라 4월 18일이 부활절이 된다. 이런 예외는 2000~2099년 중 2049년에만 생긴다. 이 계산법에 2017년을 대입해서 풀어보자.

2017=19 × 106+3이기 때문에 A=3

2017=4 × 504+1이므로 B=1

2017=7 × 288+1이므로 C=1

19A+M=19 × 3+24=81=30 × 2+21이므로 D=21

2B+4C+6D+N=2 × 1+4 × 1+6 × 21+5=137=7 × 19+4므로 E=4

따라서 2017년 부활절은 공식에 따라 (22+21+4)일, 즉 4월 16일이다.

전지전능한 파이

파이를 숭배하고, 암기하라

원주율 파이는 숭배된다. 수학 곳곳에 파이의 자취가 없는 데가 없다. 원, 진동, 파동, 대수학에서 정수론까지, 역학에서 양자역학까지 파이가 등장해서 종종 깜짝 놀라게 만든다. 수학자들은 천지 만물에 파이를 보내 연락을 취한다. 어떤 낯선 문명이 파이를 안다면, 이 신호를 수신할 수 있기 때문이다.

원주율 암기 선수들은 원주율 숫자를 순서대로 암기하는 대회를 연다. 2015년까지 공식적인 세계기록 보유자는 중국의 루차오였다. 2005년 그가 원주율의 6만 7,890자리를 하나도 실수하지 않고 술술 암기하는 데 24시간이 걸렸다. 그가 그 긴 수를 외우는 데 얼마나 걸렸는지는 알려지지 않았지만, 원주율을 외우는 데 도움이 되는 특별한 요령을 사용했을 것이다.

지금부터 암기에 도움이 되는 방법을 알려주겠다. 6만 7,890개는 아니지만 19개 숫자를 외울 수 있다. 단어의 철자 개수를 숫자로 바꾸는 것이다. 독일어의 예를 들면, 'Dir, o Held, o alter Philosoph, du Riesen-Genie. Wie viele Tausende bewundern Geister, himmlisch wie du und göttlich'를 숫자로 바꾸면 3.141592653589793238가 된다.

신비로운 파이

파이를 가장 간단하게 말하면, 반지름 1인 원의 면적으로 기술할 수 있다. 모든 원은 지구의 둘레만큼 크든, 결혼반지처럼 작든 파이와 관련이 있고, 원의 지름에 대한 원둘레의 비는 언제나 바로 이 신비로운 수 파이다.

파이는 매력적인 속성을 매우 많이 갖고 있다. 파이는 무리수라서 분자, 분모가 정수로 이루어진 분수로 표현될 수 없다. 그래서 파이는 소수점 이하로 영원히 계속된다. 게다가 파이는 초월수여서 유리수를 계수로 하는 방정식의 해가 될 수 없다. 조금 더 생각해보면 원과 같은 면적의 정사각형을 작도하는 것이 컴퍼스와 자만으로 불가능하다는 결론에 이른다.

10세기 전부터 사람들은 파이를 정확하게 혹은 거의 근사치에 가깝게 계산하려고 시도했다. 7월 22일 파이의 친구들은 '파이 근삿값의 날'을 기념하며 아르키메데스를 기린다. 아르키메데스는 22/7를 계산했고 그 값은 약 3.142857이어서 파이와 0.04퍼센트 차이가 날 정도로 정확하다. 그는 파이를 계산할 때 원 대신에 정96각형 도형을 이용해 면적을 계산했다. 네덜란드 수학자 뤼돌프 판퀼런Ludolph van Ceulen은 아르키메데스의 방법을 본받아 변이 1,018개 있는 262각형으로 소수점 아래 35자리까지 계산하는 데 30년을 보냈다. 판퀼런은 그러고 나서 바로 피로한 나머지 죽음을 맞이했다. 그리고 얼마 지나지 않아 그의 제자 스넬은 판퀼런이 들인 노력의 반만 들이고도 똑같이 정확한 수를 계산해낼 수 있었다는 것을 밝혀냈다. 판퀼런은 지지리 운도 없는 수학의 대가였다!

파이는 『성경』에도 등장한다. 물론 명확히는 아니고 우회적이다. 솔로몬 왕이 티레(티로스) 출신의 청동 기술공 히람을 시켜 신전 앞에 바다를 상징하는 원형 건조물을 만들게 했다. 이 내용은 「열왕기 상권」 7장 23절에서 나와 있다. "그다음에 그는 청동을 부어 바다 모형을 만들었다. 이 둥근 바다는 한 가장 자리에서 다른 가장자리까지 지름이 열 암마, 높이가 다섯 암마, 둘레가 서른 암마였다."

그렇게 계산된 파이의 근삿값은 3.0이었는데, 이것은 『성경』이 고대 이집트인보다 뒤처졌다는 것을 증명했다. 린드 파피루스(기원전 17세기)를 보면 고대 이집트인들은 이미 $(16/9)^2$, 즉 3.1605까지 계산했던 것이다.

파이 안에 모든 것이 있다

파이가 『성경』에 들어 있기도 하지만, 『성경』이 파이 안에 들어 있기도 하다. 파이가 정규수normal number인 경우에만 그런데, 파이가 정규수인지는 증명되지 않았지만 현대 수학자 대부분은 그럴 것이라 추측한다. 정규수란, 자릿값에 사용되는 숫자 0부터 9까지 10개가 확률 이론에서처럼 장기적으로는 동일한 빈도로, 완전히 무작위로 나타나는 수다. 그러면 모든 길이의 자리군이 포함되기 때문에, 모든 숫자열은 길이가 얼마나 길든지 상관없이 파이 안의 어딘가에 들어 있게 된다. 다시 말하면, 파이는 당신에 대해 모든 것을 알고 있다. 그리고 나에 대해서도 모두 알고 있다. 파이에는 내 전화번호가 있다. 그리고 소수점 아래

35,658,179번째 자리로 껑충 뛰면, 거기에서 내 생년월일 8자리가 시작된다.

문자열을 숫자열로 바꾸어 쓴다면(예를 들어 a=01, b=02 등), 모든 시대의 모든 문자도 파이 안에 들어 있다고 할 수 있다. 예컨대 PiLovesU(파이는 당신을 사랑한다) 같은 단문이든 셰익스피어의 작품이든 모두 파이 안에 들어 있다.

파이는 무한 원숭이 정리의 예가 될 수 있다. 무한 원숭이 정리란, 원숭이가 타자기 앞에 앉아서 이 키 저 키를 영원히 두드린다면 언젠가 셰익스피어의 작품을 모두 타이핑하게 된다는 것이다. 군대와 관련된 버전도 있다. 어느 병사가 무한히 많은 건물의 전면에 영원히 총을 난사한다면 언젠가는 카를 마이^{Karl}^{May}의 모든 소설을 점자로 만들어낼 것이다.

제6장

재미있는
수학

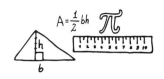

일상에 숨어 있는 수학

비엔나소시지가 알려주는 원주율

다음과 같이 상상해보자. 타일이 깔린 길쭉한 부엌이 있다. 타일 사이에는 직선 이음매가 있다. 무작위로 길이가 L인 비엔나소시지를 부엌 바닥에 던진다(바닥은 사전에 깨끗이 닦았다. 먹을거리를 쓰레기통에 버리게 만드는 잘못을 저지르고 싶지 않기 때문이다). 바닥에 이음매가 없다면, 먼저 d=2L의 간격으로, 즉 비엔나소시지의 2배 길이로 테이프를 붙여라.

무작위로 던져진 소시지가 이음매를 가로지를 확률은 얼마인가? 소시지의 중점은 두 이음매 사이의 아무 곳에나 있을 것이

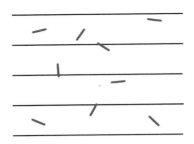

고, 소시지의 방향 역시 아무 곳이나 향하며 흩어져 있을 것이다. 그러면 아무렇게나 던져진 소시지가 이음매나 테이프를 가로지를 확률은 정확하게 파이의 역수다(일반적으로 2×L/(d×π)고, d=2L이므로 계산하면 파이의 역수가 나온다).

아주 많은 소시지를 던진다면, 소시지 중 일부가 이음매 위에 겹쳐지는 것을 보고 소시지가 이음매를 가로지를 확률의 대략적인 값을 알 수 있다. 소시지가 많을수록 근삿값은 더 정확해진다. 따라서 이음매를 가로지르는 소시지의 비율의 역수를 계산하면 파이의 근삿값을 알 수 있다.

소시지로 파이와 관련된 계산을 하기 위해 소시지는 어떤 식으로 낙하해야 할까? 이것은 내가 가능한 피하고 싶어 하는 철학적인 질문이다. 하지만 분명하면서도 흥미로운 것은 소시지 더미가 집단지성을 보여준다는 사실이다. 생명력이 없는 사물도 수가 많으면 통계적 법칙에 따라 집단지성이 나타난다.

1901년 마리오 라차리니Mario Lazzarini는 집단지성을 이용했다. 라차리니는 소시지가 아닌 2.5센티미터 길이의 바늘을 3센티미터 간격으로 줄이 그어져 있는 틀 위에 총 3,408번 던졌고, 줄을 가로지르는 것은 1,808개였다. 결과적으로 라차리니는 원주율의 근사치로 3.1415929를 얻었다. 그 값은 소수점 이하 6자리까지 정확하게 맞는 것이었다.

다양한 색으로 암호화된 데이터

에드워드 스노든Edward Snowden이 미국 국가안보국의 도청 스캔들을 폭로한 이래로, 많은 사람이 자신의 자료가 안전한지에 대해 민감해졌고 자료를 암호화하는 데 많은 관심을 기울이게 되었다.

데이터를 암호화하는 것은 복잡한 수학적 과정이다. 대칭적 암호화 방식을 사용하면 암호를 만들고 푸는 것이 같은 암호 키로 처리된다. 암호 키는 비밀번호로 생각해볼 수 있다. 그 비밀번호로 암호를 만드는 사람은 본래의 평범한 문장을 비밀 문장으로 만들고 암호를 받는 사람은 비밀 문장을 다시 원문으로 만든다.

이 과정에서 가장 중요한 문제는 암호 키가 안전할 때만 그 과정이 정말로 안전하다는 데에 있다. 그리고 그 암호 키는 처음에 두 파트너가 각자 비밀로 간직하고 있다가 언젠가 은밀하게 전달되거나 만들어내야 한다. 암호 키 교환 방식으로는 디피-헬먼법Diffie - Hellman key exchange이 있다.

의사를 전달하는 두 파트너는 각각 안전하지 않을지 모르는, 즉 경우에 따라서는 도청이 가능한 주파수를 통해 서로에게 소식을 전달한다. 소식이 은밀하게 전달되지 못하기 때문에 두 사람은 비밀스러운, 두 사람만 알고 있는 암호 키를 생각해내야 한다. 사람들은 오랫동안 그런 것을 만들어내는 것이 불가능하다고 생각했다.

이제 숫자 대신 색을 이용해 디피-헬먼법을 소개하려고 한다. 전제는 2가지 색을 섞기는 쉽지만, 이미 섞여진 색을 분리해내는 것, 즉 혼합된 색을 보고 구체적으로 어떤 색들이 섞여서 그런 색이 만들어졌는지 밝혀내는 것은 불가능하다는 것이다.

안네와 버트는 처음 색깔을 빨간색으로 하자고 약속했다. 이 색은 언제든지 모두에게 알려질 수 있다. 그런 다음 두 사람은 각자 개인적인 색(안네는 노랑, 버트는 파랑)을 골라 처음의 색에 섞는다(안네에게는 주황색이, 버트에게는 보라색이 만들어진다).

이어서 각자 자신의 혼합색을 안전하지 않은 주파수를 통해 상대방에게 보낸다. 그러나 자신만 알고 있는 색은 아무에게도 알려주지 않는다. 혼합색을 전달받은 두 사람은 각각 그 안에 자신의 비밀스러운 색을 섞는다. 결과적으로 두 사람은 똑같이 3가지 색이 혼합된 색(갈색)을 얻게 된다.

이제 갈색이 두 사람만 갖게 된 암호 키다. 어쩌다 도청을 하는 사람이 전달 중인 2가지 혼합색을 빼앗았다 하더라도 이 정보로는 아무것도 할 수 없다. 그는 그 2가지 색을 분리해낼 수 없기 때문이다.

엉킨 목걸이를 풀어주는 수학

진주 목걸이부터 체인 조명까지 사슬에는 불편한 점이 하나 있다. 속수무책으로 엉켜버리는 것이다. 아무리 가지런히 보관해도 마찬가지다. 손에 집히는 대로 풀어보려고 하면 거의 성공하지 못한다. 신경질적으로 이리저리 잡아당기면 상황은 더 심각해진다. 하지만 수학자가 함께 있다면 희망이 있다. 수학자는 매듭 풀기 전문가이기 때문이다. 게다가 수학에는 완전히 잘 다듬어진 매듭이론이 있다. 매듭이론으로 넥타이 매듭부터 수부 매듭까지 그 안에 들어 있는 매우 흥미로운 특징들이 더 많은 관심을 받게 되었다.

예를 들어, 끝이 연결되어 있고 풀릴 수 있는 사슬은(사슬의 고리가 서로 뒤엉켜 있지 않다면) 모두 3가지 기술(경우에 따라서는 몇 배로 응용할 수 있다), 즉 라이데마이스터 변형Reidemeister move을 써서 얽힌 것을 풀 수 있다. 그 기술은 다음과 같다.

(I) 고리를 풀 수도 있고, 끈을 교차시켜 고리를 만들 수도 있다.

(II) 교차해 있는 매듭을 풀거나, 매듭을 교차시킬 수 있다.

(III) 교차점을 만들고 있는 끈을 교차점이 있는 쪽에서 없는 쪽으로 이동시켜 놓을 수 있다.

위 설명을 도해로 나타내면 다음과 같다.

(III)

　이것은 라이데마이스터의 정리에서 가장 중요한 부분이다. 1926년 이 정리를 증명한 독일의 수학자 쿠르트 라이데마이스터Kurt Reidemeiste의 이야기로 거슬러 올라가보자. 1933년 그는 나치가 권력을 장악하자 교수직에서 해임되었다.

　루이스 카우프만Louis Kauffman과 소피아 람브로풀루Sofia Lambropoulou의 논문에 나오는 다음 사슬은 아무도 풀 수 없게 엉켜 있을까? 아니면 풀어서 단일폐곡선을 만들어낼 수 있을까?

정답: 이 사슬은 풀어진다. 다음 그림은 라이데마이스터 기술을 단계별로 보여준다.

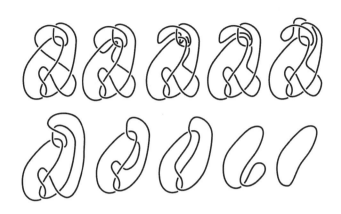

만약 이 사슬이 풀리지 않을 것이라 생각한다면, 긴 줄을 가져와 책상 위에 위 모양으로 놓아보자(위 그림의 순서를 거꾸로 진행해 나가면 문제의 사슬이 된다). 그리고 위 그림대로 따라하면 사슬이 어떻게 단일폐곡선이 되는지 알 수 있다.

매듭이론으로 무엇을 알 수 있을까? 예를 들어 우주는 끈이론으로 설명된다. 끈이론에 따르면 우리의 세계는 3차원 안에 아주 작은 공모양의 기본입자들로 구성된 것이 아니라 10차원 안에 더 작은, 일부는 닫혀 있고 일부는 엉켜 있는 에너지 고리(끈)

로 구성되어 있다.

끈이론은 모든 이론(모든 기본 원소와 상호작용을 통합할 수 있는 이론)을 찾으려는 위대한 탐구의 산물인데, 매듭이론은 끈의 복잡한 속성들을 이해하는 데 도움을 준다. 캘리포니아대학 샌타바버라(내가 운이 좋아서 지난 10개월 동안 연구차 머물렀던 곳이다)의 노벨 물리학상 수상자인 데이비드 그로스David Gross의 견해에 따르면, 끈이론은 그 자체로 모든 것의 이론이거나, 적어도 모든 것의 이론으로 나아가는 매우 중요한 단계다.

위의 예가 너무 어렵다고 여겨진다면, 다음 엉켜있는 고리를 두고 깊이 생각해보자. 눈으로 들여다보기만 해도 풀 방법이 보일지 모른다.

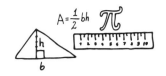

체스판 위의 수학

카페에 앉은 수학자들

세 수학자가 카페에 앉아 있다. 점원이 다가와 물었다. "주문 하시겠어요?" 첫 번째 수학자가 "모르겠어요"라고 말했다. 두 번째 수학자가 "모르겠어요"라고 말했다. 세 번째 수학자가 "아니오"라고 말했다. 이 대화를 이해하겠는가? 거꾸로 되짚어 생각해보면 된다.

점원은 세 사람 모두에게 무언가 마시고 싶은지를 물었다. 첫 번째 수학자의 짧은 대답은 다음과 같은 뜻이다. "나는 별생각이 없는데, 나머지 두 사람이 뭘 마시고 싶어 할지는 모르겠어요. 그래서 지금 이 순간 그 질문에 대한 대답으로 다른 사람이 '네' 또는 '아니오'라고 말할 수 있어요." 만약 첫 번째 수학자가 무언가를 마시고 싶었다면, 그는 그 질문에 분명히 '네'라고 대답했을 것이다.

두 번째 수학자의 대답은 다음과 같이 추측할 수 있다. 그 역시 음료를 마실 생각이 없다(그렇지 않았다면 그 역시 '네'라고 대답했어야 했다). 첫 번째 수학자도 무언가를 마실 생각이 없다는 것은 알고 있지만, 세 번째 수학자가 어떻게 생각하는지는 모른다. 그렇기 때문에 그 역시 아직 '네' 또는 '아니오'라는 결정적인 대답을 할 수 없다.

이제 세 번째 수학자의 차례다. 그는 앞에서 말한 사람들의 대답에서 그들이 무언가를 마시고 싶지 않다는 것을 추론했다. 그리고 그도 아무것도 마시고 싶지 않다. 그래서 그는 점원의 질문에 '아니오'라고 분명하게 대답할 수 있다.

이전 수를 추론하다

앞의 설명은 매우 재미있는 체스 퀴즈를 풀 준비 단계였다. 이 퀴즈는 역행 추론으로 풀 수 있다. 다음 체스판을 들여다보자.

문제는 다음과 같다. 방금 흑이 규칙에 맞게 이동했을까? 만

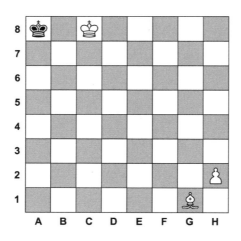

약 그랬다면, 그 자리에 가기 전에 어떻게 이동했을까? 즉 이전에 어떻게 된 것인지 알아보자는 것이다. 탐정이 되어 논리적으로 접근하는 것이 필요하다. 한 가지는 분명하다. 흑이 이동할 수 있었다면, 움직인 말은 킹이다. 킹은 어디에서인가 A8로 이동했다. 그런데 이것만으로는 석연치 않다. 흑 킹이 이동하기 바로 전에 무슨 일이 일어났는지도 알고 싶다. 도대체 어떻게 흑 킹이 A8로 이동할 수 있었을까?

백 킹의 위치로 보아서 흑 킹은 A7에서 A8로 이동하는 것만 가능하다. 그러나 흑 킹이 A7에서 왔다는 것은 G1에 있는 백 비숍 때문에 불가능하게 보인다. 하지만 이론적으로 볼 때 A7이 흑 킹이 A8로 오기 전에 있었던 유일한 자리다. 그러므로 어떤 상황에서 이런 이동이 가능할 수 있는지를 생각해보아야 한다.

흑 킹이 A7에서 왔다고 한다면 생각할 수 있는 것은 백 비숍이 다른 자리에 있다가 G1로 움직였다는 것이다. 그러나 그것은 불가능하다. 백 비숍이 있었을 만한 자리는 모두 A7의 흑 킹을 공격할 수 있는 자리이기 때문이다. 따라서 유일한 가능성은 B6에 다른 말이 있어서 A7에 있는 흑 킹을 백 비숍이 공격하지 못하게 막아주었다는 것이다. 그 말은 체스판에서 보이지 않는다. 따라서 그 말은 백 비숍의 공격에서 흑 킹을 보호한 이후 체스판에서 사라진 것이 틀림없다. 하지만 그러려면 그 말은 흑이 아니었을 것이다. 그랬다면 그 말은 아직 B6에 있어야 한다. 흑은 우리가 이미 알고 있듯이 제일 마지막으로 킹을 움직였던 것이 틀림없기 때문이다.

자, 그럼 B6에 백의 말이 있었음이 틀림없는데 지금은 없다. 그러면 그 말은 흑 킹이 A8로 이동했을 때 사라졌음에 틀림없다. 그것은 흑 킹이 그 말을 공격해 잡았다는 것을 의미할 수밖에 없다. 그런데 그 말은 어떻게 A8로 오게 되었을까? 그 말은 바로 전에 B6에서 A8로 이동한 것이 틀림없다. 아하! 그렇게 할 수 있는 것은 오직 백 나이트뿐이다. 이제 앞의 논리에 따라

직전까지의 상황을 재구성할 수 있다. 그림과 같은 상황이 되기 전에 흑 킹은 A7에 있었고 백 나이트는 B6에 있었다. 백 나이트가 A8로 이동해서 흑 킹이 G1에 있는 백 비숍에게 잡힐 위치에 놓이게 된다. 그래서 흑 킹이 A8에 있는 백 나이트를 잡았다. 그래서 위와 같은 모양이 이루어진 것이다.

체스판의 기하학

피타고라스를 생각할 때 제일 먼저 떠오르는 것은 당연히 피타고라스의 정리 $a^2+b^2=c^2$이다. 그 순간 기하학이라는 주제에 들어간다. 피타고라스의 정리는 수학의 다른 정리보다 증명할 방법이 많다. 그중에는 미국의 제20대 대통령 제임스 가필드 James Garfield가 만들어낸 것도 있다.

이 글에서는 체스판을 이용해 피타고라스 정리를 증명하려고 한다. 그래야 체스판의 신비한 기하학에 대해 이야기할 수 있기 때문이다. 피타고라스 정리를 증명하기 위해서는 체스판에 줄 몇 개를 그리기만 하면 된다. 다음과 같이 서로 다른 두 그림을 만든다.

이 두 그림에는 각각 4개의 직각삼각형이 등장한다. 이 삼각형은 모두 똑같지만 체스판의 서로 다른 곳에 있다. 쉽게 설명하

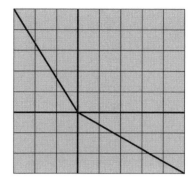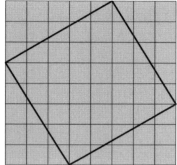

기 위해 체스판의 흑색과 백색 무늬는 생략한다. 삼각형에서 가장 긴 변의 길이를 c라 하고 나머지 두 짧은 변의 길이를 a, b라고 하자. 첫 번째 그림에서 보면 삼각형 4개가 덮지 않은 체스판의 면적, 즉 두 개의 사각형이 있는 면적을 a^2+b^2로 계산할 수 있다는 것을 알 수 있다.

두 번째 그림에는 똑같은 삼각형 4개가 다른 위치에 있다. 가운데 있는 커다란 사각형이 삼각형들로 덮이지 않은 면적이다. 이 면적은 c^2이다. 이 사각형은 첫 번째 그림의 두 작은 사각형과 크기가 같다. 이처럼 체스판을 이용해 피타고라스의 정리를 증명했다. 피타고라스는 체스판 위에서도 옳다!

체스판의 기하학은 세상의 기하학과 같다는 생각을 할 수 있지만, 사실은 그렇지 않다. 체스판의 기하학에는 매우 특별한 것이 있다. 체스판 위에서는 두 위치 사이의 거리를 킹이 그 사이를 이동하는 데 필요한 최소한의 움직임 수라고 정의한다. 예를 들어 서로 대각선으로 마주하고 있는 두 위치(A1과 H8 또는 A8과 H1) 사이의 거리는 모서리에 있는 다른 두 위치(A1과 H1 또는 H1과 H8) 사이의 거리와 같다. 두 가지 경우 모두 킹의 이동 거리는 7칸이다.

수학으로 승리하라

통상적으로 알고 있는 기하학에서는 대각선 거리가 $\sqrt{2}$배만큼 더 길다. 체스판의 특이한 기하학을 보여주기에 가장 간단하면서도 놀라운 예가 있다. 1921년 헝가리의 그랜드마스터 리차드 레티Richard Reti가 1921년 만들어낸 유명한 문제로, 백이 무승부를 만드는 방법이다.

백은 흑이 분명히 이길 것으로 보이는 이 상황을 무승부로 만들어야 한다. 이 문제는 어려운 정도가 아니라, 불가능한 것 같다. 그렇지 않은가? 흑 킹은 백 폰이 퀸으로 승격하는 것을 쉽게 저지할 수 있다. 흑 킹은 백 폰에서 멀지 않은 곳에 있기 때문이다. 그러나 반대로 백 킹은 흑 폰에서 멀리 떨어져 있다. 흑 폰은

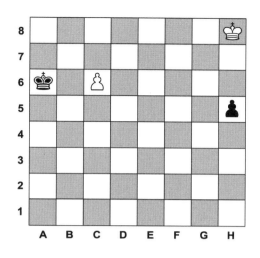

퀸으로 승격할 수 있는 H1으로 이동하는 데 백 킹보다 3칸 앞질러가고 있다. 백 킹은 어떻게 하면 이 상황을 막아낼 수 있을까? 그러기 위해서 기적 한두 가지로는 충분하지 않아 보인다.

하지만 겉으로 보이는 것만으로는 판단할 수 없다. 체스판의 진기한 기하학을 이용하면 무승부가 가능하다. 진행 방향은 다음과 같다. 백 킹 G7 → 흑 폰 H4 → 백 킹 F6 → 흑 킹 B6.

만약 이 상황에 흑이 킹을 움직이는 대신 폰을 H3로 이동한다면, 백 킹은 백 폰을 보호하고 백 폰이 퀸으로 승격하는 데 도움을 줄 수 있다. 이것은 다음과 같이 진행된다. 백 킹 E7 → 흑 폰 H2 → 백 폰 C7 → 흑 킹 B7 → 백 킹 D7. 그다음 흑 폰과 백 폰이 움직이면서 두 퀸이 체스판 위에 다시 나타나고 이 판은 무승부가 된다.

만약 흑이 위에서처럼 킹을 B6로 이동한다면, 다음과 같이 진행될 것이다. 백 킹 E5 → 흑 킹 C6(폰을 잡는다). 흑 폰이 H3으로 이동하면 백 킹 D6 → 흑 폰 H2 → 백 폰 C7 → 흑 킹 B7 → 백 킹 D7이 되기 때문에 다시 두 퀸이 만들어져 무승부가 된다. 하지만 흑 킹이 C6의 백 폰을 잡고 나면, 백 킹은 무승부를 보장받는다. E5에 있던 백 킹은 흑 폰 쪽으로 전진한다. 백 킹 F4 → 흑 폰 H3 → 백 킹 G3 → 흑 폰 H2 → 백 킹 H2로 백 킹이 흑 폰을 잡고 무승부가 된다. 대각선의 거리가 직선거리와 같아서 다행이다!

백 킹이 무승부를 만들 수 있는 것은, 백 킹이 2가지 목표를 동시에 추구할 수 있었기 때문이다. 한편으로는 흑 폰을 공격하는 것이고 다른 한편으로는 백 폰이 퀸으로 승격하도록 도와주는 것이다. 2가지 목표를 동시에 추구하는 것은 체스 기하학으로만 가능하다. E5에서 진행 방향을 바꾸어 둘러가는 길 H8-G7-F6-E5-F4-G3-H2의 길이는 일직선 H8-H7-H6-H5-H4-H3-H2의 길이와 똑같다. 다시 말해서 H8, E5, H2를 세

꼭짓점으로 하는 삼각형에서 짧은 두 변의 길이의 합은 긴 변 H8 – H2의 길이와 같다. 두 경우 모두 킹은 6칸을 움직인다.

일상의 기하학에서는 두 점 사이의 제일 짧은 거리는 두 점을 잇는 직선이다. 직선에서 벗어나는 모든 경로는 직선보다 길다. 그러나 체스판에서는 서로 떨어진 두 위치 사이의 가장 짧은 경로가 하나만 있는 것이 아니다. 그중에는 지그재그 코스도 있을 수 있고 삼각형 또는 아치형 모양의 경로도 있을 수 있다.

체스판의 기하학을 연구해보고 싶지 않은가? 그러면 1931년 아르투르 만들러Artur Mandler가 만든 이 문제를 풀어보자. 백이 움

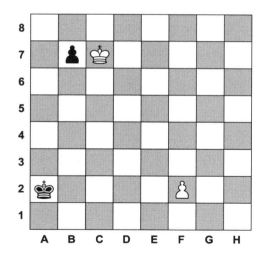

직일 차례고 이겨야 한다! 어떤 순서로 이동하면 백이 이길 수 있을까?

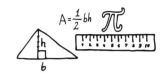

마술에 숨은 수학

마술의 수학적 원리

이번에는 마술에 대한 이야기를 하려고 한다. 가장 중요한 마술 소품은 수학적 정리다. 매우 많은 마술 기술(특히 카드 마술)의 바탕에는 수학적 원리가 있다. 하지만 그 수학 원리들은 숨겨져 있어서 전문가만 볼 수 있다. 오늘 소개할 아주 멋진 마술 기술은 에르되시와 세케레시 죄르지Szekeres György의 정리에서 기인한 것이다. 그 정리를 대략 설명하면 다음과 같다. "(k^2+1)개의 수로 이루어진 수열 $a(1)$, $a(2)$, ……, $a(k^2+1)$에는 언제나 $k+1$개의 오름차순의 수 또는 $k+1$개의 내림차순의 수가 있거나 2가지가 모두 있다."

k=3인 경우를 생각해보자. 0, 1, 2……9까지 10개의 수를 임의로 뒤섞어놓아, 예를 들어 7, 0, 9, 2, 6, 3, 1, 5, 4, 8이 될 때, 부분적으로 4개의 오름차순이나 내림차순의 수가 생긴다. 예를 들어 위에서 보면 오름차순의 수는 굵은 글씨로 표시된 2, 3, 5, 8이다. 10개의 수를 어떻게 뒤섞어도 이런 배열을 발견할 수 있다.

이런 기묘한 결과를 두고 무슨 이야기를 할 수 있을까? 얼핏 보기에는 별로 할 이야기가 없을 것 같다. 하지만 이것으로 아주 멋진 마술을 펼쳐보일 수 있다. 이제 정말 깜짝 놀랄만한 마술을 배워보자.

진행 과정 마술사, 조수, 관객 1명이 참여한다. 조수는 관객에게 각각 2, 3, 4, 5, 6이 쓰인 카드 5장을 준다. 조수는 관객에게 이 5장의 카드를 숫자가 보이게 해서 임의의 순서로 섞어 책상 위에 올려놓으라고 요청한다. 그런 다음 조수는 모든 카드를 뒤집어 카드의 숫자가 보이지 않게 한다. 이제 마술사가 등장한다. 조수는 카드 2장을 뒤집어놓는다. 마술사는 아직 뒤집어지지 않은 카드 3장의 숫자를 정확하게 맞춘다.

마술의 비밀 카드 5장을 펼쳐놓는다면, 조수는 모든 카드를 뒤집기 전에 위의 정리에 따라 3개의 오름차순의 수나 내림차순의 수가 존재한다는 것을 알고 있다. 에르되시와 세케레시의 정리에서 k=2인 상황이기 때문이다. 오름차순과 내림차순이 모두 있다면 둘 중 하나를 선택한다. 이어서 마술사가 등장하면, 카드의 배열을 알고 있는 조수는 자신이 선택한 오름차순이나 내림차순에 속하지 않는 카드 2장을 뒤집어 마술사가 볼 수 있게 한다. 예를 들어 숫자가 보이지 않는 카드 3장이 왼쪽에서 오른쪽으로 오름차순으로 늘어서 있는 경우, 조수는 처음에 작은 숫자가 있는 카드를 뒤집고, 다음으로 큰 숫자가 있는 카드를 뒤집는다. 반대 경우에는 처음에 큰 숫자의 카드를 뒤집고 다음으로 작은 숫자의 카드를 뒤집는다. 어느 경우일지 조수가 마술사에게 사전에 협의한 신호를 보내주기만 하면, 마술사는 나머지 3장이 어떤 카드인지뿐 아니라 그 카드들이 어떤 순서로 배열되어 있는지도 알 수 있다.

참조 2, 3, 4, 5, 6이 쓰인 카드 대신 킹, 다이아몬드 에이스, 스페이드 에이스, 2, 3이 있는 카드로 더 쉽게 마술을 할 수 있다. 이 순서를 보면 카드에 적힌 값이 점점 커지고 있지만, 관객은 마술사가 알아맞히는 카드가 책상 위에 순서대로 놓여 있다는 것을 알아채기 어렵다.

게으른 마술사를 위한 마술

수학은 마술처럼 신비롭다. 수학은 마술처럼 매우 다양한 방식으로 그 신비를 드러낸다. 그래서 수학을 알면 마술사가 될 수 있다. 상당수의 마술 기술을 따져보면 결국 수학 원리를 바탕으로 하기 때문이다. 미국 수학자 찰스 샌더스 퍼스Charles Sanders Peirce는 이미 개발된 카드 기술을 연구해 당대 가장 복잡한 기술을 만들어냈다. 하지만 수학을 이용하면 마술이 쉬워진다.

퍼스가 만든 카드 기술은 페르마의 작은 정리를 기초로 한다. 페르마의 작은 정리에 따르면 임의의 소수 p와 임의의 정수 a에 대해 a^p-a는 언제나 p의 배수다. 이 기술을 보여주기 위해 카드 두 벌을 가지고 두 카드를 배열할 때 단순하지 않지만 특정한 관계가 생기도록 정리한다. 그리고 두 카드의 배열 사이의 관계는 그대로 유지되도록 한 벌씩 따로 섞는다.

이 기술은 매우 복잡해서 실행 설명서가 13쪽이나 필요했다. 이 마술의 수학적 근거를 알려주는 설명서는 52쪽에 달했다. 이 것을 읽고 제대로 배우는 것은 엄청나게 힘들지만 그 마술을 보고 관객이 느끼는 감동은 별로 크지 않다. 그래서 나는 게으른 마술사를 위한 마술 기술을 보여주려 한다. 이 기술은 매우 간단한 데다 관객에게도 호평을 받는다.

마술 방법 1부터 16까지의 수를 4개씩 4줄로 적는다. 예컨대 첫 번째 줄은 1, 2, 3, 4, 네 번째 줄은 13, 14, 15, 16으로 구성된다. 관객 1명이 마음에 드는 수 하나를 고른다. 선택한 수가 있는 행과 열에 줄을 그어 지운다. 이어서 그 관객이 남아 있는 수 중에서 수 하나를 더 고르고 다시 그 수가 속해 있는 행과 열을 지운다. 관객이 수를 4개 고를 때까지 이 과정을 반복한다.

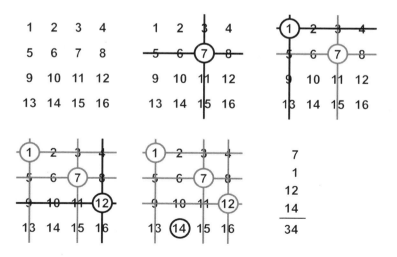

관객이 고른 수 4개를 모두 합하면 하나의 수가 나온다. 그 수는 '천리안'을 가진 마술사가 이미 처음에 쪽지에 적어 편지 봉투 안에 넣어두었다. 다음 예에서 관객은 7, 1, 12, 14를 선택했고 그 수의 합은 34다. 이 마술이 수학적으로 어떻게 이루어지는지 알아낼 수 있는가?

힌트 하나 이 마술은 마방진과 관련 있다. 4×4 마방진은 앞에서 보는 바와 같은 틀을 갖지만 숫자의 배열은 다르다. 마방진은 각 행과 열, 두 대각선에 있는 숫자들의 합이 매번 같은 값이 나오도록 배열한다. $(1+2+3+\cdots+16)/4=(16\times17)/(2\times4)=34$ 마방진은 우리 마술과 유사하다.

첨언하면, 가장 유명한 마방진은 알브레히트 뒤러Albrecht Dürer의 동판화 〈멜랑콜리아 I Melencolia I〉에 있다. 이 작품은 500년 전에 완성되었고 복잡한 상징적 표현 때문에 수수께끼 같은 작품으로 여겨졌다. 오른쪽 위 귀퉁이에 있는 마방진에는 다음과 같이 수들이 배열되어 있다.

16	3	2	13
5	10	11	8
9	6	7	12
4	15	14	1

마지막 줄에는 15와 14가 있고, 두 수를 이어 읽으면 이 작품이 만들어진 해가 나온다. 그 옆에는 4와 1이 있는데, 이 두 수는 뒤러의 머리글자 D와 A를 가리킨다. 이 마방진에서 흥미로운 내용을 더 발견할 수 있겠는가?

제7장

수학의
언저리

수학적 사고의 힘

뉴턴과 괴테의 대결

요한 볼프강 폰 괴테Johann Wolfgang von Goethe는 독일의 우상이다. 2년여 전 한 여론조사 기관에서 독일 역사상 가장 중요한 인물이 누구인지 물었을 때, 바이마르 출신의 시인 괴테가 모두를 제치고 당당히 1위에 올랐다. 사람들이 그에 대해 반드시 더 알아야 할 것이 있다. 괴테는 수학을 못 했다.

많은 사람이 모르는 사실은 괴테가 오랜 세월 시보다 자연과학에 열정을 쏟아부었다는 것이다. 그가 자연과학을 열심히 연구했다는 것은 1,000페이지에 달하는 『색채론Zur Farbenlehre』이 멋지게 증명한다. 이 책은 20여 년에 걸쳐 완성되었다. 이 책에 쓰인 괴테 자신의 말에 따르면, 자신이 시인으로서 이룬 모든 것보다 자기 생각에서 나온 확고한 연구 결과를 훨씬 자랑스러워했다고 한다. 정말 깜짝 놀랄만한 말이다.

또 하나 놀랄만한 일은, 『색채론』이 수학적인 문제를 다루고 있음을 누구나 알 수 있다는 것이다. 직설적으로 말하면, 괴테는 아이작 뉴턴Isaac Newton이 100여 년 전에 발표한 색채론에 잘못된 반론을 제기했다. 뉴턴은 백색광이 당연히 무지개색으로 나누어질 수 있다는 것을 수학적으로 증명한 반면, 괴테는 그 견해를 말도 안 되는 소리로 치부했다. "투명하고 맑고 영원히 순수한 빛은 어두운색의 빛들로 구성될 수 없다"고 생각했기 때문이다.

게다가 괴테는 한걸음 더 나아갔다. 그 책의 「논박」 부분은 뉴턴과 수학에 대한 욕지거리로 가득 채워졌다. 괴테는 뉴턴의 이론을 "말도 안 되는 소리"라며, 그렇게 "어리석고 우스꽝스럽게 설명하는 방식"은 학문의 역사에서 찾아보기 어려울 것이라고 말했다.

그러한 오류 때문에 『색채론』은 이미 동시대 수학자와 물리학자들에게 이구동성으로 배척당했다. 괴테는 수학적이고 논리적인 사고보다는 언어 능력이 훨씬 뛰어난 사람이었다. 그는 자신을 "숫자를 무서워하는 사람"이라고 말했고 수학을 바탕으로 한 뉴턴의 논거를 잘 이해할 수 없었던 것뿐이다. 그래서 괴테는 뉴턴의 험담을 그칠 줄 몰랐다. 다음과 같이 말한 것도 한두 번이 아니다. "도대체 수학자라는 사람이, 묘한 재주로 공식들을 섞어놓고 그것들을 통해서 자연계를 바라보는 시각을 얻어내다니, 건강한 사람처럼 스스로 지각과 사고력을 사용했는지를 나는 도무지 느끼지 못하겠다."

문법보다 데이터가 중요하다

오늘날까지 독일 사회에서 괴테가 엄청난 명성을 누리는 것은 그리 대단한 일이 아닐지도 모른다. 그러나 괴테는 독일에서 아직도 인식 방법으로써 수학의 가치가 낮게 평가받는 것에 어느 정도 책임이 있다. 그런 일이 없었다면 어디서도 수학자가 수학도 모르면서 상상이나 하는 사람으로 여겨지지 않았을지도 모른다. 프랑스든 스칸디나비아든, 아시아에서도 상상할 수 없는 일이다.

진짜 문제는 따로 있다. 오늘날 우리는 언어적 능력 하나만으로는 보통의 일상을 살아나갈 수 없는 시대로 넘어가고 있다.

우리가 사는 세상에는 그동안 말보다 숫자가 많이 생겨났다. 이제 우리 사회에는 수에 대한 수준 높은 교육이 필요하다. 숫자, 데이터, 통계를 잘 다루고, 확률을 계산해 기회와 위기를 평가하는 능력, 적은 정보로 바른 결정을 내리는 능력을 더 많은 사람이 더 열심히 길러야 한다.

오늘날 학교에서는 가우스가 괴테보다 중요하다. 이제 우리에게 필요한 것은, 논란이 되는 문제의 진상을 밝혀내는 능력이다. 그래서 목적어를 문법에 맞게 잘 쓰는 능력보다는 데이터를 다루는 능력이 필요하다.

일과 이십일일까, 아니면 이십일일까?

우리는 당연한 듯 수를 읽고 수 안에 들어 있는 정보를 이해한다. 8을 예로 들어보자. 무한대(∞)와 비슷하게 구부러진 선을 보며 우리는 이 기호가 어느 정도의 양을 가리키는지 가늠할 수 있다. 하지만 계산 능력 장애에 시달리는 사람은 그렇지 못하다. 이런 이들은 계산 능력 결함으로 8을 기호 이상으로 이해하기 힘들다. 인구의 5~10퍼센트는 이런 불리한 조건을 경험하고 있다. 읽기 장애와 계산 장애 주 위원회의 잉에 팔메Inge Palme는 독일에서 약 500만 명의 아이가 계산 능력 장애가 있다고 한다.

독일에서는 언어가 계산 능력 장애 아이들을 더 어렵게 한다. 독일어로 수를 읽는 방법은 다른 언어보다 복잡하고 상당히 구식이다. 예를 들어 21이라는 수는 독일어로 표현하면 숫자의 배열 순서와 반대로 '일과 이십einundzwanzig'이다. 21을 눈으로 읽을 때는 2가 1 앞에 있는데도 말이다. 극소수의 다른 언어와 마찬가지로 독일어에는 이 구식 말투가 보존되어 있다. 영어는 이미 16세기에 개혁이 일어나 '이십일twenty-one'로 바뀌었다. 노르웨이어는 1951년 국회에서 만장일치로 순서대로 읽는 방식을 도입했다.

인도-아라비아 기수법記數法과 달리 독일어의 숫자를 읽는 방식은 인도-게르만어에 기원을 두고 있어서 4,000년 전으로 거슬러 올라간다. 그 당시 1은 선(I)으로 10은 십자 모양(X)으로 적었다. 그에 따라 IIIIXX라는 기호는 사와 이십vierundzwanzig이라고 읽었다.

인도-아라비아 숫자가 11세기경 유럽에 전해졌지만, 이 순서는 여전히 사용되었다. 세 자리 이상의 수는 더 심하다. 98,765라는 숫자를 놓고 생각해보자. 독일어로는 이 숫자를 '팔과 구십천-칠백-오와 육십achtundneunzigtausendsiebenhundertfünfundsechzig'이라고 읽는다. 자세하게 들여다보면, 읽는 방향에서 둘째 자리에 있는 숫자를 먼저 말한다. 그런 다음 첫째 자리로 이동하고, 이어서 앞에서부터 중간으로 도약해야 한다. 그런 다음 맨 마지막으로 갔다가 되돌아와 넷째 자리로 간다. 이렇게 정신없이 왔다 갔다 하는 방식은 독일어를 배우려는 외국인에게만 아니라 독일 사람에게도 까다롭다. 그와 달리 영어는 '구십팔천-칠백육십오'라는 순서로 읽는다. 짧고 간명하고 헷갈리지 않는다. 이것이 더 나은 것 같다. 독일어로 숫자를 읽는 방법에 무슨 장점이 있는지 모르겠다.

500년 전에 독일은 독일어의 수 읽기 방식을 고칠 기회를 허비하고 말았다. 1522년 산술의 대가 아담 리제Adam Riese는 산술 책을 저술했고 그 책에서 6,789를 '육천칠백팔십구일sechstausendsiebenhundertachtzehnneuneins'로 말할 것을 조언했다. 그러나 그 주장은 독일에서 관철되지 못했다. 하지만 중국과 일본에서는 그 방식이 받아들여졌다.

연구 결과들을 보면, 4세 중국 아이는 평균 50까지 셀 수 있는데, 동갑내기 독일 아이는 평균 15까지 셀 수 있다고 한다. 이 주제를 다루는 김에 한 가지 더 언급하자면, 독일어로 계산하기 어려워하는 아이들이 영어로는 훨씬 쉽게 계산한다. 이는 수의 양을 표현하는 언어 구조가 수에 익숙해지는 데 영향을 준다는 주장을 뒷받침하는 간접증거다.

　나는 통상적으로 사용하는 독일의 수 읽기 방식을 폐기하자고 주장하려는 것이 아니다. 하지만 2가지 읽기 방식을 허용하는 것은 어떨까? 혼동이 일어날 가능성은 작다. 사람들은 두 방식을 충분히 구분해서 사용할 것이다.

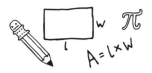

여성과 수학

여성은 수학을 못할까?

독일의 학교에는 어떤 불안감이 떠돌고 있다. 불안감의 정체는 수학에 대한 공포와 수학을 포기하고 싶어 하는 마음이다. 남학생보다 여학생이 수학을 기피한다. 너무나도 안타깝다.

300여 년 전 영국에서 상당히 흥미로운 잡지가 출간되었다. 1704년에 출간된 『레이디스 다이어리The Ladies' Diary; or, Woman's Almanack』다. 이 잡지는 "아름다운 여성의 의식 수준을 높이는" 데 기여한다고 선전하며 독자들에게 "세련된 지적 능력이 매력을 한층 빛나게 해줄 것"이라고 약속했다. 주목할 점은 이 잡지가 수학, 천문학, 자연과학 일반을 심도 있게 다루었다는 점이다. 공휴일 등 달력 정보, 요리법, 왕족의 일상, 화장법, 건강 정보 외에 수학, 천문학, 자연과학 같은 주제들을 중요하게 다루었고, 그 중요성은 점점 커졌다.

특히 기사에 딸린 수학 문제들이 선풍적인 인기를 끌었다. 문제는 대개 시 형식이었다. 독자들도 답을 시로 지어 보냈고, 그 답 중 하나가 다음 호에 실렸다. 『레이디스 다이어리』는 18세기 중반까지 약 3만 권이나 출간되었다.

『레이디스 다이어리』의 첫 번째 편집자였던 수학 교사 존 티퍼John Tipper는 사설에서 여러 페이지에 걸쳐 여성들이 어려운 수학 문제와 자연과학 문제를 잘 풀어낸다며 여성의 지성에 존경심을 보였다. 이 잡지가 큰 사랑을 받았다는 점과 여성 독자들에게 큰 공감을 일으켰다는 점을 보면, 적어도 빅토리아 시대 이전에는 여성과 수학에 대한 선입견과 고정관념이 지금처럼 굳어지지 않았다는 것을 알 수 있다.

『레이디스 다이어리』는 뉴턴이 살아 있었을 때 만들어졌다. 영국에서는 뉴턴을 존경해서 거의 종교처럼 따르는 무리까지 있었다. 온 세상을 뒤흔든 그의 수학적 성과가 너무 새로웠기 때문에 많은 영국의 클럽과 프랑스 살롱에서 그를 두고 격렬한 토론이 이루어졌다. 사회 전체가 수학을 지식을 얻는 도구로 인정하던 시대였다.

오늘날에는 수학을 남성의 영역으로 여기고는 한다. 어린 여학생에게 수학에 흥미를 느끼도록 격려하는 일은 거의 없다. 그 결과, 수학에 뛰어난 재능이 보였던 여학생들이 13~14세쯤부터는 일부러 수학을 피한다. 수학을 근사한 것으로 생각하지 않기 때문이다. 내 주변에도 이전에는 수학을 좋아했지만, 수학이 여성스럽지 않다고 여겨 꺼렸다는 여성들이 있다.

고정관념을 깰 시간이다

12개국 10만 명의 학생을 대상으로 한 광범위한 연구 결과에 따르면 여학생이든 남학생이든 수학에 대한 재능은 비슷하다고 한다. 그러나 수학에 대한 여학생의 자신감은 남학생에 비해 낮았고, 여학생이 수학을 더 두려워한다는 것 역시 밝혀졌다. 이것은 사회·문화적 고정관념의 결과로 볼 수 있다.

이제 고정관념을 깰 때다. 남녀 간 동등한 권리가 더 많이 인정되고 있기 때문에 더욱 그래야 한다. 우리가 무엇인가를 개선할 수 있다면, 남녀 간 수학적 능력에 차이가 있다는 생각부터 없애야 한다. 이런 때에 지금은 사라지고 없는 『레이디스 다이어리』를 다시 볼 수 있다면 얼마나 좋을까? 잡지에 실렸던 문제 중 대표적인 예를 하나 들면 다음과 같다. 1,711호의 21번 문제가 19행의 시로 제시되었다.

어떤 남자가 우연히 양떼를 만났다. 양치기 소녀들이 양떼를 지키고 있다. 남자는 양이 몇 마리냐고 물었다. 양치기 소녀가 대답했다. "우리끼리 양을 똑같은 수로 나누면, 한 사람이 돌보는 양은 2마리입니다. 만약 당신이 우리 중 첫 번째 소녀에게 양 1마리, 두 번째 소녀에게 양 2마리, 세 번째 소녀에게 양 4마리, 네 번째 소녀에게 양 8마리, 그런 식으로 양을 제곱수로 준다면, 마지막 소녀가 갖는 양은 전체 양의 수와 같아질 겁니다." 이 양떼의 양은 몇 마리나 될까?(답은 아래에)

답: 여덟 마리

수학으로 불가능한 것은 없다

수학은 영원하다. 다른 분야의 연구자들은 선배 연구자들이 쌓아놓은 결과 중 상당 부분을 조금씩 다시 새롭게 만든다. 수학에서는 그렇지 않다. 한 번 옳다고 만들어진 것은 영원히 옳다. 피타고라스 정리는 2,000년이 지났지만 아무도 수정을 요구하지 않는다. 피타고라스 정리는 영원히 옳다고 증명되었고 유효기간도 없다.

수학에서는 절대적으로 증명이 필요하다. 법정에서는 하나의 사실이 '모든 합리적인 의심을 넘어서' 진실로 받아들여진다면 증명되었다고 보지만, 수학에서는 그것만으로 충분하지 않다. 다음의 예는 왜 수학자들이 그렇게 엄격해야 하는지, 그리고 왜 각각의 경우를 일반화하려고 할 때 수 하나만(그게 아주 큰 수일지라도) 검증해서는 안 되는지를 보여준다.

둘레에 임의의 점 n개가 있는 원을 생각해보자. 각 점은 다른 모든 점과 직선으로 연결되어 있다. 그렇게 직선으로 연결하면 원의 면적이 조각조각 나누어진다. 이 조각난 부분의 수를 T_n이라고 하자. T_n은 크기는 얼마인가?

이 질문에 답하기 위해, 5가지 경우를 살펴보자. 즉 n=1부터 n=5까지인 경우다. 모든 경우에 T_n은 2의 거듭제곱 즉, $2^{(n-1)}$이다. 이 사실을 바탕으로, 거듭제곱으로 T_n의 일반적인 공식을 만들 수 있을 것이다. 이 말은 얼핏 생각해보면 그럴듯한 것 같다. 하지만 그런 예상은 틀렸다. 일반적으로 T_n이라는 수는 2의 거듭제곱이 아니라 n의 4차항까지 등장하는 복잡한 함수다. 예를 들어 n이 6일 때 나누어진 부분들은 32개가 아니라 31개밖에 되지 않는다.

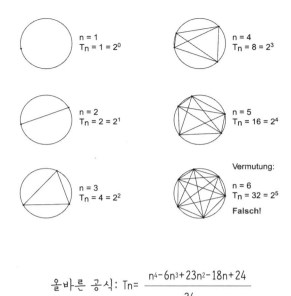

n = 1
$T_n = 1 = 2^0$

n = 4
$T_n = 8 = 2^3$

n = 2
$T_n = 2 = 2^1$

n = 5
$T_n = 16 = 2^4$

n = 3
$T_n = 4 = 2^2$

Vermutung:
n = 6
$T_n = 32 = 2^5$
Falsch!

올바른 공식: $T_n = \dfrac{n^4 - 6n^3 + 23n^2 - 18n + 24}{24}$

더 극단적인 것은 다음과 같은 경우다. "방정식 $313(x^3+y^3)=z^3$에는 답이 없다. x, y, z 각각에 어떤 자연수 1, 2, 3……을 넣어도 마찬가지다"라는 말은 틀렸다. 하지만 나는 반증을 찾으라고 권하지 않겠다. 이미 반증이 되는 가장 작은 x, y, z 각각이 10^{1000}보다 크다. 이 반증은 컴퓨터를 이용한 계산으로는 발견할 수 없었을 것이다. 정수론을 통해서 밝혀졌다.

섹시한 수학

최근에 "보기 흉한 환경을 아름답게 바꾸어보자!"라는 광고판을 보았다. 누구나 자기 주변을 아름답게 바꿀 수 있다. 어쨌든 내 영역은 수학이기 때문에, 나는 흉측한 수학에 맞서 무언가를 하려고 한다.

수학을 멋지게 만들어보자. 많은 사람이 정서적으로 메말랐다고 느끼는 과목의 표현 방식을 새롭게 만든다면, 그 과목을 좋아하는 사람이 폭발적으로 늘어날지도 모른다. 그렇지 않더라도 아무튼 시도했다는 의미가 있다.

나는 내가 생각한 바를 예를 들어 구체적으로 표현할 것이다. 가장 기본적이고 논리적인 사고 법칙 중 하나, 대우 명제부터 시작해보자. 'P면 Q다'의 논리적 추론은 'Q가 아니면 P가 아니다'다. 예를 들면 '오늘이 목요일이면, 내일은 금요일이다'는 '내일이 금요일이 아니면, 오늘은 목요일이 아니다'를 의미한다. 여기서 수학자는 간결해서 매우 실용적이지만, 미학적으로는 하나도 흥미롭지 않은 식을 만들어낸다.

$$P \to Q \Rightarrow\ \sim Q \to\ \sim P$$

이런 사고 법칙을 인용구, 격언, 속담 등에도 응용할 수 있다. 1786년 마티아스 클라우디우스Matthias Claudius는 『악마의 세계 여행Urians Reise um die Welt』에서 "여행을 한 사람은 무엇인가를 이야기할 수 있다"라고 말했다. 그런데 명제의 대우는 논리적으로는 동치지만, 문학적인 멋은 덜하다. "누군가 아무것도 이야기하지 않았다면, 그는 아무 곳도 여행하지 않았다."

수학의 장점은 기호를 사용한 표현 방식이 달라지더라도 진실은 그대로라는 것이다. 그러므로 수학적 수식 체계를 시각적으로 예쁘게 고치는 데 방해가 되는 것은 아무것도 없다. 수학적 논리에서는 연산자 부정(~가 아니다), 논리곱(~이고 ~이다), 논리합(~이거나 ~이다), 조건(~이면 ~이다), 쌍조건(~면 그리고 ~일 때만)이 중요한 역할을 한다. 이 연산자들을 대신하는 예쁜 그림문자를 도입하면 안 될까?

그리고 경계 표시로 다음 그림을 사용하자.

서술어를 표현하는 상징이 더 필요하다.

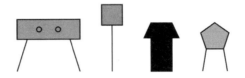

그러면 위에서 소개한 무미건조한 명제가 미적 감각이 돋보이는 명제가 되었다.

이 그림은 참인 내용을 모두 담고 있어서 내용은 전혀 달라지지 않았지만 미학적인 면에서 적어도 스윙형 쓰레기통만큼의 활기차고 섹시한 매력을 갖게 되었다. 성공적인 것 같진 않지만, 그래도 시도는 기특하지 않은가?

그림자 뒤에 그림자가 있을까?

"빛이 있는 곳에는 그늘이 지기 마련이다"라는 속설이 있다. 이 말은 더는 의미가 없다. 그런데 사실은 그게 전부가 아니다. 그래서 문제다. 우선 수학적 방식으로 그림자에 대한 몇 가지 기본적인 사실을 정리해보자.

정리 1 빛이 사물 X에 직접 비추는 경우에만, X의 그림자가 생길 수 있다.

정리 2 사물 X는 빛이 통과되지 않는 사물 Y를 관통해 그림자를 만들 수 없다.

정리 3 모든 그림자는 무엇인가의 그림자다.

이것은 그림자에 대한 흔들림 없는 명백한 사실이다. 하지만 한번 다음과 같은 상황을 생각해보자. 나는 어떤 버스 정류장에 서 있다. 태양이 내리쬐고 내 그림자는 보도 위에 드리워진다. 그러다 (빛이 통과하지 않는) 나비 한 마리가 와서 내가 햇빛을 가리고 있는 영역을 지나며 날아간다. 알렉스 발코가 그린 다음 그림을 보면 더 잘 이해할 수 있다.

여기서 첫 번째 질문이 제기된다. 나비 바로 뒤에 있는 내 그림자의 일부는 어떻게 보일까? 그림에서 보여주는 것처럼 내 그림자가 더 진하게 나타날까? 아니면 아무 그림자도 나타나지 않을까? 만약 그곳에 그림자가 있다면 누가 이 그림자를 만드는 것일까?

햇빛이 좋은 날 예쁜 나비와 함께 있다면 쉽게 확인해볼 수 있다. 나비 뒤에는 그림자가 있고 그 그림자는 내 그림자보다 진하지도 흐리지도 않다. 이것이 현실에서 관찰되는 것이다. 하지만 위의 정리 1~3에 따른 그림자 이론은 다르게 말한다. 정리 3에 따르면 무언가 나비 뒤에 있는 그림자를 만들어야 한다. 정리 2에 의하면 나는 그 무엇인가가 될 수 없다. 내 그림자는 나비를 통과해 그림자를 드리울 수 없기 때문이다. 정리 1에 따라 그것은 나비일 수도 없다. 내가 빛을 가리고 있어서 나비는 빛을 직접 받지 않았기 때문이다. 하지만 다른 사물은 고려할 여지가 없다. 관찰할 수 있는 현실과 명백하게 옳은 이론 사이에 모순이 생겼다. 이 모순을 어떻게 해결할 수 있을까?

이것은 어려운 질문이다. 나는 그 질문에 만족스러운 대답을 할 수 없다. 철학자 로이 소런슨Roy Sorensen은 그 질문에 인과관계론과 관련된 일종의 그림자 블록이론으로 답을 하려고 했다. 그 이론에 따르면 그림자는 빛의 부재다. 그림자는 빛을 가리는 사물에 의해서 생긴다.

여기까지는 좋다. 하지만 지금부터가 문제다. 소런슨에 따르면 그림자는 빛을 가리는 사물 바로 뒤에 위치한 공간 전체를 채운다. 사람만 햇빛을 가려서 사람 모양을 만든다. 나비는 만들어진 그림자와 아무 관련이 없이 그림자 안에 들어 있다. 나비 뒤에 있는 그림자도 완전히 사람의 그림자다. 이 설명이 잘 이해가 되는가? 나는 잘 모르겠다. 이제 당신이 대답할 차례다.

신의 존재를 증명하다

이번에는 신의 존재를 수학으로 증명하려고 한다. 물리학자 하인츠 오버훔머 Heinz Oberhummer 는 불가능하다고 말했지만, 수학자 쿠르트 괴델 Kurt Gödel 은 다르게 생각했다. 괴델은 전설적인 논리학자였다. 아인슈타인처럼 프린스턴대학에서 가르쳤고, 두 위대한 과학자는 서로 친하게 지냈다. 한번은 아인슈타인이 늦은 밤 연구소에서 집으로 돌아오는 길에 괴델과 이야기를 나누기 위해서 연구소에 가고는 했다고 말한 적이 있다.

괴델의 사망 이후 그의 유산 속에서 신의 존재에 대한 수학적 증명이 발견되었다. 괴델은 그 증명을 공개하지 않았다. 사람들이 그것을 신앙고백으로 이해할지 모른다고 염려했기 때문이다. 유산 속에서 발견된 이 증명은 학계에 큰 돌풍을 일으켰다. 괴델은 이미 생전에 불완전성 정리를 발표해 유명해졌다. 그가 "나는 증명될 수 없다"라는 명제를 다루며 그 명제의 진실성에 질문을 제기했을 때 불완전성 정리와 마주쳤다.

이 명제가 참이라면, 이 명제가 스스로 알려주는 것처럼 이 명제는 증명될 수 없다. 반면에 이 명제가 거짓이라면, 이 명제는 증명될 수 있다는 뜻이 된다. 그런데 이 명제가 증명된다면, 참이 아닌 무엇인가를 증명한 셈이다. 이것은 논리적인 모순이다. 그러므로 이 명제는 증명될 수 없을 때만 참이 된다. 따라서 증명할 수 없는 진리가 있다. 이것이 괴델의 불완전성 정리의 핵심이다. 이로써 괴델은 수학을 심각하게 어렵게 만들었다.

언젠가 괴델은 신을 논리적으로 깊이 생각하기 시작했던 것이 틀림없다. 그의 신에 대한 증명은 완전성이라는 라이프니츠 Gottfried Wilhelm Leibniz의 신관에서 시작되었다. 한 속성이 다른 어떤 속성과도 논리적으로 모순되지 않는다면 완전하다. 더 나아가 필연성이라는 개념이 다른 한 축을 담당한다.

G(x)를 찾아서

괴델의 신에 대한 논증은 3가지 정의, 5가지 공리, 4가지 정리로 구성되어 있다. 괴델은 첫 번째 정의에서 자신이 신을 어떻게 생각하는지 알려준다. 정의는 개념 제시고, 공리는 증명의 전제로서 증명 없이 참이라고 받아들여지는 것이다. 정리는 공리에 근거해 유효한 논리적 추론을 끌어내어 얻어지는 참된 명제

다. 다음은 언어로 표현한 괴델의 증명이다. 그의 생각을 따라가
보자.

정의 1 어떤 존재가 모든 완전한 속성이 있다면 그 존재는 신
이다.

정의 2 어떤 존재의 속성이 근본적이라고 할 때, 그 존재의
다른 모든 속성은 반드시 그 속성에서 나온다.

정의 3 어떤 존재의 모든 근본적인 속성이 필연적이라면 그
존재는 필연적으로 존재한다.

공리 1 각 속성은 완전하거나 완전하지 않다.

공리 2 필연적으로 완전한 속성을 갖는 것은 스스로 완전하다.

정리 1 어떤 속성이 완전하다면, 그 속성을 가진 무엇인가 존
재할 수 있다.

공리 3 신성神性 완전한 속성이다.

정리 2 가능 세계에서 신성한 존재는 논리적으로 존재할 수
있다.

공리 4 각 완전한 속성은 필연적으로 완전하다(이 말은 한 속성
의 완전성에 필연성이 포함되어 있다는 것을 의미한다. 그러므로 필연성 자
체가 하나의 완전한 속성이다).

정리 3 어떤 존재가 신성하다면, 그 신성은 본질적인 속성이다(여기서 적어도 신성한 존재가 있을 수 있다는 결론이 나온다).

공리 5 필연적인 실존의 속성은 완전하다.

정리 4 신성한 존재의 실존이 논리적으로 가능하다면, 신성한 존재의 실존은 필연적이다(이미 정리 2에서 신성함의 존재 가능성을 논리적으로 밝혔으므로, 결과적으로 신성한 존재는 필연적으로 존재한다).

이 증명은 논리적으로 옳다. 지금 당장 컴퓨터 공학자 2명이 컴퓨터로 확인해보아도 옳다. 괴델의 증명은 다음과 같이 추상적인 기호로 표현되었다. 괴델의 신은 마지막에 있는 G(x)다.


```
Ax 1.  • ∀x{[φ(x) → ψ(x)] ∧ P(φ)} → P(ψ)
Ax 2.  P(¬φ) ↔ ¬P(φ)
Th 1.  P(φ) → ◊ ∃x [φ(x)]
Df 1.  G(x) ↔ ∀x[P(φ) → φ(x)]
Ax 3.  P(G)
Th 2.  ◊ ∃x G(x)
Df 2.  φ ess x ↔ φ(x) ∧ ∀ψ{ψ(x) → • ∀x[φ(x) → ψ(x)]}
Ax 4.  P(φ) → • P(φ)
Th 3.  G(x) → G ess x
Df 3.  E(x) ↔ ∀φ[φ ess x → • ∃(x) φ(x)]
Ax 5.  P(E)
Th 4.  • ∃x G(x)
```


이 증명을 어떻게 생각하는가? G(x)의 존재를 믿는가? 괴델의 신에 대해서 어떻게 생각하는가? 내게 한 가지는 분명하다. 내가 종교 수업 시간에 배워서 기억하고 있는 "아브라함과 이사악과 야곱의 하느님"과는 완전히 다른 신이다.

수학에 대한 사랑 넘치는 정의

내가 세상의 모든 것에 대해 생각을 정리하고 의미를 찾느라 적지 않은 노력을 기울일 때 수학은 큰 도움이 되었다. 사랑과 음악처럼 수학은 사람을 행복하게 만들어준다. 이것이 내가 진심으로 생각하는 명제다. 30년 이상 수학에만 전념하며 경험으로 느낀 것이다.

지금까지는 학문의 여왕께 작은 경의를 표한 것에 불과하다. 다음은 그 누구도 말하지 않았던 아름다운 표현을 모아놓았다. 아니 누군가 거의 비슷하게 표현한 적은 있을 것이다. 아무튼 다음 이야기 중에서 상당수가 사실이라고 생각하지 않는가? 인용문에 가까운 문장들로 짧게 구성했다.

- 호기심이 수학의 4분의 3을 구성한다.(카사노바)
- 수학은 오래 참고, 수학은 온유하며, 수학은 흥분하지 않는다.(수학의 아가서 13,1-13)

- 수학은 항상 새로운 속편이 이어지는 오랜 이야기다.(대프니 뒤 모리에Daphne du Maurier, 영국 작가)

- 수학은 완전히 새로운 삶으로의 여행이다.(에른스트 블로흐Ernst Bloch, 독일 철학자)

- 수학에 문제가 없다면 어떻게 될까?(하인리히 뵐Heinrich Böll, 독일 작가)

- 기쁜 마음은 수학으로 불타는 가슴에서 생긴다.(마더 테레사Mother Teresa)

- 수학은 세상에서 가장 변치 않는 힘이다.(마틴 루서 킹Martin Luther King Jr.)

- 수학을 통해서 바라보면 무엇이나 아름답다.(크리스티안 모르겐슈테른Christian Morgenstern, 독일 시인)

- 수학과 좋은 관계를 맺고 있으면 주변 세상에 관심이 전혀 없어진다.(지그문트 프로이트Sigmund Freud)

- 수학을 공부한다는 것은 '미안하다'는 말은 하지 않아도 된다는 뜻이다.(에릭 시걸Erich Segal, 미국 작가)

- 수학은 자연 최고의 발명품이다.(잭 니컬슨Jack Nicholson)

- 일을 위한 시간이 있고, 수학을 위한 시간이 있다. 이외의 시간은 없다.(코코 샤넬Coco Chanel)

- 수학은 인생의 양념이다. 수학은 인생을 달콤하게 만들어주지만, 씁쓸하게 만들 수도 있다.(공자孔子)

- 진정한 수학은 대가를 하나도 바라지 않는 것에서 시작한다.(앙투안 드 생텍쥐페리Antoine de Saint-Exupéry)

- 수학은 비 온 뒤 햇살처럼 기운을 북돋워준다.(윌리엄 셰익스피어 William Shakespeare)

- 1,000년 전부터 누구나 한 번쯤은 이런 말을 들어보았을 것이다. "수학 없이는 인생을 헤쳐나갈 수 없다. 수학은 언제나 우리에게 유용하다." (하이노Heino, 독일 국민 가수)

Achenlohe, A.(2010): Goethes Farbenlehre. Actoid. http://www.actoid. com/web-design/farblichtsehen/Farbgoethe.htm.

Ajdacic-Gross, V., Knöpfli, D., Landolt, K., Gostynski, M., Engelter, T., Lyrer, P. A., Gutzwiller, F. & Rössler, W.(2012): Death has a preference for birthdays-an analysis of death time series. Annals of Epidemiology, 22, 8, 603-606.

Amengua, P. & Tora, R.(2006): Truels or the survival of the weakest. Arxiv:math/0606181v1.

Bennett, J. O., Briggs, W. L. & Triola, M. F.(2002): *Statistical Reasoning for Everyday Life*. 2. Auflage. Boston, Addison Wesley.

Böhme, G.(1980): Ist Goethes Farbenlehre Wissenschaft. Frankfurt a. M., Suhrkamp

Bornemann, R.(2003): Wie sicher ist der HIV-Test? HIV Aids Infos Online, 22, 8. http://praxis-psychosoziale-beratung.de/hiv-22.htm# wiesicheristderHIV-Test.

Christakis, N. A. & Fowler, J. A.(2011): *Connected: The Surprising Power of Our Social Networks and How They Shape Our Lives*. New York, Back Bay Books, 한국어판은 이충호 옮김, 『행복은 전염된다』(김영사, 2010).

Drösser, Chr.(2004): Zwanzigeins in Ost und West. Die Zeit, 16. 9. 2004.

Efron, B. & Thisted, R.(1976): Estimating the number of unknown species: How many words did Shakespeare know? Biometrika, 63, 3, 435-437.

Feld, S. L.(1991): Why your friends have more friends than you do. American Journal of Sociology, 96, 6, 1464-1477.

Geyer, D.(2013): Cheating behavior and the Benford's law. http://www. go- bookee. org/law-firm-log-notes-sample.

Good, I. J. & Toulmin, G. H.(1956): The number of new species, and the increase in population coverage, when a sample is increased. Biometrika, 43, 45-63.

Hesse, C.(2009): *Wahrscheinlichkeitstheorie*. 2. Auflage. Wiesbaden, Vieweg und Teubner.

Hesse, C.(2012): *Warum Mathematik glücklich macht. 151 verblüffende Geschichten*. 5. Auflage. München, C.H.Beck.

Joswig, M.(2009): Wer zahlt, gewinnt. Mitteilungen der DMV, 17, 38–40.

Kauffman, L. H. & Lambropoulou, S.(2011): Hard Unknots and Collapsing Tangles. Introductory Lectures on Knot Theory. Singapur, World Scientific Press.

Littlewood, J. E.(1953): *A Mathematician's Miscellany*. London, Methuen.

Matthews, R. A. J. & Blackmore, S. J.(1995): Why are coincidences so impressive? Perceptual and Motor Skills, 80, 1121–1122.

Nigrini, M. J.(1996): A taxpayer compliance application of Benford's law. The Journal of the American Taxation Association, 18, 72–91.

Palacios-Huerta, I.(2014): *Beautiful Game Theory. How Soccer can help Economics*. Princeton, Princeton University Press.

Philipps, D. P., van Voorhees, C. A. & Ruth, T. E.(1992): The birthday: lifeline or deadline? Psychosomatic Medicine, 54, 532–542.

Pöppe, Chr.(1992): Paradoxes Verhalten physikalischer und ökonomischer Systeme. Spektrum der Wissenschaft, Heft November, 23–26.

Randow, G. v.(2006): *Denken in Wahrscheinlichkeiten*. Reinbek, Rowohlt.

Rauner, M.(2003): Mathe sechs, Ehe kaputt. Die Wissenschaft schenkt uns die Differenzialgleichung der Liebe. Zeit Online Wissen, 22.5. 2003.

Serkh, K. & Forger, D. B.(2014): Optimal schedules of light exposure for rapidly correcting circadian misalignment. PLoS Computational Biology, 10(3): e1003523. doi:10.1371/journal.pcbi.1003523.

Simonson, S. & Holm, T. S.(2003): Using a card trick to teach discrete mathematics. Primus, 13, 248–269.

Spiegel Online: Mathematiker lüften Geheimnis ewiger Liebe, 13. 2. 2004.

Surowiecki, J.(2007): *Die Weisheit der Vielen. Warum Gruppen klüger sind als der Einzelne*. München, Goldmann, 한국어판은 홍대운·이창근 옮김, 『대중의 지혜』(랜덤하우스코리아, 2005).

Thisted, R. & Efron, B.(1987): *Did Shakespeare write a newly discovered poem?* Biometrika, 74, 3, 445–455.

카페에서 읽는 수학
© 크리스티안 헤세, 2017

초판 1쇄 2017년 11월 15일 펴냄
초판 4쇄 2022년 6월 22일 펴냄

지은이 ㅣ 크리스티안 헤세
옮긴이 ㅣ 고은주
펴낸이 ㅣ 이태준
기획·편집 ㅣ 박상문, 김슬기
디자인 ㅣ 최진영
관리 ㅣ 최수향
인쇄·제본 ㅣ (주)삼신문화

펴낸곳 ㅣ 북카라반
출판등록 ㅣ 제17-332호 2002년 10월 18일

주소 ㅣ (04037) 서울시 마포구 양화로7길 6-16 서교제일빌딩 3층
전화 ㅣ 02-325-6364
팩스 ㅣ 02-474-1413

www.inmul.co.kr ㅣ cntbooks@gmail.com

ISBN 979-11-6005-045-5 03410

값 12,000원

이 도서의 국립중앙도서관 출판시도서목록(CIP)은 서지정보유통지원시스템 홈페이지
(http://seoji.nl.go.kr)와 국가자료공동목록시스템(http://www.nl.go.kr/kolisnet)에서
이용하실 수 있습니다. (CIP제어번호: CIP2017028895)